What Life Should Mean to You

自卑与超越

[奥]阿德勒◎著　麦芒◎译

天津出版传媒集团

天津人民出版社

图书在版编目（CIP）数据

自卑与超越 / (奥) 阿德勒著 ; 麦芒译. -- 天津：
天津人民出版社, 2018.1 (2020.5重印)
　　ISBN 978-7-201-12359-2

　　Ⅰ.①自… Ⅱ.①阿… ②麦… Ⅲ.①个性心理学
Ⅳ.①B848

中国版本图书馆CIP数据核字(2017)第223253号

自卑与超越
ZI BEI YU CHAO YUE

出　　版	天津人民出版社	
出 版 人	刘　庆	
地　　址	天津市和平区西康路35号康岳大厦	
邮政编码	300051	
邮购电话	（022）23332469	
网　　址	http://www.tjrmcbs.com	
电子信箱	reader@tjrmcbs.com	
责任编辑	刘子伯	
印　　刷	三河市兴国印务有限公司	
经　　销	新华书店	
开　　本	880×1230毫米　1/32	
印　　张	7.5	
插　　图	6	
字　　数	280千字	
版次印次	2018年1月第1版　2020年5月第2次印刷	
定　　价	25.00元	

前　言

　　阿尔弗雷德·阿德勒（1870—1937），奥地利心理学家。他出生于奥地利维也纳郊区一个中产阶级犹太人家庭，但富裕的家庭条件并没有给他带来快乐的童年。在他的记忆中，他的童年生活是不幸与多灾多难的。他自己曾说他的童年生活笼罩着对死的恐惧和对自己的虚弱而感到的愤怒。他在兄弟中排行第二，长相既矮又丑，幼年时患软骨病，身体活动不便，四岁才会走路，甚至还被汽车轧伤过两次。在身体健康的哥哥面前他总感到自惭形秽，觉得自己又小有丑，样样不如别人。5岁时，他患了严重的肺炎，甚至连他的家庭医生也对他绝望了。从此他想当一名医生。在后来的回忆中，他曾说自己的生活目标就是要克服儿童时期对死亡的恐惧，于是采用了一种使自己坚强起来的办法。1895年，阿德勒通过超越常人的努力获得了维也纳大学医学学位，成为眼科和内科医生。他曾为弗洛伊德精神分析学派的核心成员之一，后因分歧与弗氏破裂，创立个体心理学，另建立自由精神分析研究会；曾主持召开五次国际个体心理学会议。1934年他定居纽约，1937年赴苏格兰亚伯丁做演讲时病逝。

　　《自卑与超越》是阿尔弗雷德·阿德勒的代表作之一。在这部书中，作者从个体心理学观点出发，用通俗生动的文字描写了用自卑感去争取优越感，才能获得成功的机会。作者认为每个人都有不同程度的自卑感，因为没有一个人对其现时的地位感到满意；自卑感是所有人都具有的一种正常的感觉状态，也是所有人之所以努力奋斗的源头。自卑感非但不是弱点或异常，反而是创造的源泉。人类都有对优越感的追求，这是所有人的通性。而优越感即是自卑感的补偿。一个健康、正常的人，当他的努力在某方面受到阻挠时，他就会在另一方面找到新门路，去争取优越以及完美，从而获得成功。特别是在幼年时期，在自卑感的驱动之下，人们的发展才能够持续地往更高层次迈进。

目录
Contents

第一章　生活的意义

人生的意义

人类生活的世界是丰富多彩的。人类体验事物一般不会抽象进行，而是以自身的角度去观察，最初"经验"的产生亦是如此。例如："木头"的含义与人类有关，而"石头"也是"人类生活的要素"。可悲的是，有的人总是排除事物的意义而去思考周围环境，表现为：孤立自己，脱离同类，其所作所为于己于人皆无益处。总而言之，人的存在无法脱离生活的现实本义，自我封闭的行为毫无意义。体验现实的人只有将现实放大到人生和生命存在的高度，来解读其意义和价值，而不是局限于事物本身。因此结论应当是：这种意义总有遗憾和缺陷，当然也不可能永远正确。因为，这个看似饱含意义的世界的一大特征就是充满了各种谬误和荒诞。

如果你向人问道："人生的意义到底是什么？"多数人都不知如何回答。多数人都不想自寻烦恼，更不愿探求问题的本源。但是，从古至今，这种问题一直相伴在人类的左右，直至今日，也有人时常提起，无论年长或年幼，有时还会被问道："人为什么而存在？""人生的含义是什么？"客观地说，只有在人们遇到某种困

难和挫折的时候才会问诸如此类的问题。相反，那些人生之路平坦顺畅、几乎没有遇到过困难的人，大多不会产生这个念头。但是，这些问题在我们的人生经历中总是不可避免的，我们也必须直面应对。我们发现对人生的某种解读似乎影响着人的行为举止，每个人在言论之外的行动上，都在对"人生意义"进行不同的诠释，而且此意义与其观点、态度、举止、表达、癖好、志向、习惯以及性格特征的表现是一致的。也就是说，先对世界和个人进行总结，然后暗暗贯穿于每个人的行为之中。"我是这样，宇宙是那样"就是思考得出的结果，是对自己和所理解的人生意义的一种判定。

如前所述，对人生意义的解释不一定全部正确，但有多少个人就会有多少种理解。其绝对意义上的"正确真理"是什么则无人知晓，因此只要是相对有效的任何解读，就不能判定是"绝对错误"。其实正是在这两个极端之间，包含了人生意义的全部内容。然而，我们可以分辨这一区间中的不同点位哪些有效，哪些次之；哪些是小错，哪些是大错。从中可以发现，较好的解读是大同小异、不约而同地，相反那些不尽如人意的解读则总是难掩其伪。如果能从中得出普遍的标准和意义，则对揭开有关人类问题的现实之迷很有帮助。同时，必须牢记这个真理的标准是相对人类目的而言，是相对真理。此外，无其他绝对真理存在，即便还有，也与人类无关。因为我们根本无从了解掌握绝对真理，所以它对人类而言，也没有现实意义。

人生必须面对的三大问题

　　人生所面临的所有困难或问题，都源自于在生活中受到的三大制约。因为这三种制约构成了人生和现实的内容，并且经常使人们遭受困扰，还迫使人们做出应答和处理，所以每个人都必须予以重视。我们可以从对这些问题的不同解答中，看出每个人对人生意义的解读。

　　第一种制约：我们必须生活在这个小小的星球（地球）上，除此别无选择。人类与地球上的各种资源必须共存，尽自己最大的能力善待地球。身心健康也是我们不可忽视的，因为这是延续地球生命的重要因素，同样也能使人类得以延续。这是我们都不得不面对的问题，人人都需要迎接其挑战。不管我们做什么事，都是对人类生存状况的解答，我们可以从中知道哪些是必需的、适当的、可能的或希望的。但是不管何种回答都必须考虑到一个事实——我们是人类体系中的一部分，我们共同生活在地球上。

　　这就如同我们不能对一道数学题妄加猜测，而必须全力以赴地求出答案一样，我们为了全人类的美好未来，也要对人生的问题重新做出回答，其中重要的是使观点既富有远见又相互关联。这是从人类自身的弱点及其可能造成的潜在危机来考虑的。当然，我们的答案不会完美，但是必须尽我所能地找到最佳答案。此外，所有的答案都必须考虑到人类正在为地球所困扰，我们的生存质量必然与地球带给我们的福祸紧密相连。

　　接下来是第二种制约：我们每个人都必须与周围其他人相互关联，任何人都是人类体系中的唯一成员。一个人无法单独达成目标，这是由人类个体的弱点和局限所决定的。一个人如果独自孤单地生活，自己面对一切，最终只会走向灭亡。他不但不能继续自己的生活，还无法使生命得以延续。正是因为人类所共存的弱点、缺点和局限性，所以总要与他人团结在一起。我们如果想继续生存，对人类和社会做出最大的贡献，就必须与人联合，共同发展。要想寻求人生的答案就不得不考虑这一约束，我们必须想到：我们和他人是相互联系的，如果只剩下一个人，将无法继续生活。如果想延续自己的生命，我们就必须让自己的情感和这个问题的目标相适应。

第三种制约是：人类有男有女。这同样是个人和社会得以维系必须考虑的问题。人一生中谁都无法绕开爱情和婚姻这个问题，不管男女。当面对这个问题时，我们应该怎样做，就是对这个问题的诠释。遇到问题，人们想出的方法往往多种多样，但是却总以为自己采用的具体措施才是最佳方法。

由此三种约束出发，又引申出三个问题：第一，既然我们的星球上的自然资源有限，那么我们到底怎样做才能让人类获得永存；第二，在茫茫人海中，我们应该怎样给自己定位，才能达到与人合作、共同发展的目的；第三，如何进行自我调整，以适应"人类两种性别"和"人类的延续依赖于两性关系"这一生存要求。

个体心理学发现人类的所有问题都可归于三类：职业、交际和两性问题。每个人对生活意义做出各自的理解时，都精准地揭示出人们对这三个问题的不同回应。举例如下：假设一个人完全没有爱情生活或遭受了挫折，并且在工作上也表现得很平庸，还不喜欢结交朋友，感觉人际交往是一件令人痛苦的事，造成交往范围十分狭小，从他在现实生活中做出的自我定位和约束，似乎可以得出这样的结论："我是为活着而活着，所以要让自己免受伤害，以保证平安无恙，因此，自我封闭以减少社会交往成为首选。"看得出，他把活着视为一件艰难且危险的事情，最后只有现实失败接连不断，而且生存机会越来越少。

不妨再假设另外一个完全相反的例子：一个人交友广泛，人脉极强，左右逢源，事业有成，而且爱情生活和睦甜蜜。我们则可以定义为，此类人视"活着"为一个创造的过程，于是他的生活中充满了各种机遇，其间出现的困难反而使他具有了超凡的勇气，因为在他眼中任何困难都可以克服。这就说明："真正的人生是懂得关注他人、让自己成为社会大家庭中的一员，并积极地为人类的福祉做贡献。"

社会情感

由上文可见，对人生意义的解读不论正确还是错误，都可从中找到一些共同点。精神病人、罪犯、酗酒者、问题少年、自杀者、堕落者、妓女等人之所以容易失败，是因为他们在处理职业、社交和两性问题时，从不寻求他人的帮助，他们对社会生活没有兴趣并缺乏安全感。在他们心中，人生的意义就是以自我为中心，他们的个人理想其他人根本无法从中共享。他们如果取得了所谓的成功或实现了某种理想，实际上也只是一种虚无的优越感，这种自我满足和陶醉，也只有对他们自己才有意义。

例如，手中拥有武器的罪犯感觉自己很强势，无人能敌，显而易见，他们在利用武器为自己壮胆。但是对我们而言，一件武器并不能让此人的身价得以提高，所以不免有些可笑。其实，自我意义就是没有任何意义。真正的意义是从与人交往中体现出来的，一个人的意义是没有任何用处的。每个人都在力争与众不同，但如果并不明白自己的成功和卓越是建立在为他人做贡献的基础之上，那么错误就难以避免。人生的理想和行为与此同理，其唯一的意义就在于对他人是否存在意义。

再讲一个关于某小教派教主的故事。有一天，教主将所有的信徒都聚到一起，说下周三就是世界末日。信徒们都对此信以为真，于是赶紧变卖家产，然后抛开所有世俗和牵挂，在莫名的情绪中等待灾难来临。可是星期三悄悄过去了，却没有发生任何异常。信徒们在星期四一大早便找到教主，向他讨要一个说法。人们都说："看看你把我们愚弄到什么地步了！我们放弃了所有的生存保障，逢人便说周三是世界末日，我们从未在意别人那轻蔑的目光，而是反复强调信息的真实性。如今星期三已经过去了，这个世界不是依然如故吗？"这个所谓的预言家却以个人的理由逃避着他人的谴责，他狡辩说："可是，我所说的星期三与你们想到的星期三并非一回事呀。"这个故事说明，一个人认为的事实并不能成为真理。

所有"人生意义"的真正标志是具有普遍性的，即可以与他人共享、绝大多数人可以接受的共同意义。在日常生活中，人们可以从中看出所发生之事具有的共性。大众口中的天才虽然是极少数，但是只有他们被大众认为与众不同时，才会被冠以这样的称呼。由此可见，人生的意义即"对整体做出贡献"。在此，我们并非说说而已，而是看重其最后结果。每一个面对困难毫不退缩的人，其意识中好像都明白人生的真谛在于对他人产生兴趣并与他人合作。他所做的每一件事都会被他人所关注，即使遇到困难，他也从来不将解决的办法建立在伤害他人的基础上。

如果我们说人生的意义在于贡献并与他人不断合作，也许有人会对此产生疑问。因为对于大多数人来说，这是一个全新的理念。他们不禁会问："如果一个人总是以他人利益为重，让自己向他人贡献，那么我们的损失会有多严重？我们自己的事又该如何去做？难道不应该有一部分人为了自己的发展而先考虑自己的利益吗？我们保护别人的前提不应该是先保护好自己吗？"

这样的观点大错特错，此类问题也不能称为问题。如果一个人以他对人生意义的认知和理想，并且加上他的全部情感，向他的人生目标努力，他必然会沿着最能体现其人生价值的道路发展。同时，他还会为了实现目标而不断改变自我，逐渐形成一种社会使命感和责任感，并在实践中让这种感情逐步迈向成熟。人的目标一旦建立，随后便会开始自我管理。只有此时，他才会意识到要解决怎样的人生问题，才会不断使自己得到提高和发展。比如在爱情和婚姻中，如果我们想让对方感受到幸福和快乐，就会极力表现自我，将全部关心投入到对方身上。如果我们只是按照自己的性情去发展，而不顾对方的感受，那么所得的结果一定是：我们变得趾高气扬，让人厌恶。

我们还可以从中悟出一点，即人生的真谛就在于奉献与合作。如果我们仔细观察祖先给我们遗留下来的东西，会发现什么？那些都是他们对人类的贡献。除了我们所能目睹的有形资产——土地、道路和建筑，还有很多无形的资产，即他们以哲学、科学、艺术的形式对生活经验的总结，以及传达给我们的各种生活技能。这一切的一切，都是他们为人类做出的贡献，然后让我们代代相承。

那么，另外那些拒绝与他人合作，对人生意义另有理解的人，那些总想着"我应怎样逃避生活"的人呢？他们留下了什么？他们没有给人类留下任何有益的东西。他们不但人已经死去，就是人生价值也没有得到任何体现。对于那些认为自己一生从不需要与人合作的人来说，就好像地球早就对他们有所安排，给出他们最终的判语："你一无是处，在这里，你的憧憬、你的奋斗、你所崇尚的价值观，还有你的思想和灵魂都没有用处。人类不需要你，任何东西都不需要你。你不配活着，没有人希望你在这里，滚开吧！快点去死，从此消失吧！"在现代文化中这种自我观念已有所淡化，但我们还是会找出许多欠缺之处，所以也必须以为人类谋取更多福利为前提，去继续改变它。

千百年来，很多人都懂得这个道理。因为他们懂得了人生的意义在于对全人类的贡献，所以他们开始让自己关心和帮助他人。特别是那些有着宗教信仰的人，我们都可从中看到一种普度众生的思想。世上所有的重大运动都想增加人们的利益，而宗教正是朝此方向发展的主流之一。但是，人们却常常误解了宗教，因为人们认为他们除了做一些普通的事外，根本没有做出其他任何有益的事。从科学的角度来说，个体心理学也得到了同样的结论。但是我想它还会继续向前迈进。科学在提高人们对人类的贡献方面，会起到更大的作用，这种作用是其他方法所不能及的。我们入手的角度虽然不同，但是目的却一样：为人类取得更大更有益的贡献。

我们对于人生利益的理解似乎已经成型：它不是我们的福神，

就是一个催命鬼。所以，我们亟须了解人生的意义形成的原因和其划分的依据，并及时纠正这种错误的方法。这些属于心理学的研究范围，其与生理学、生物学的最大区别就是：它能利用我们对意义的理解，来影响人类的活动以及人类的发展趋向，从而让人类更幸福。

童年对人生的影响

从我们刚刚出生那一刻起，就开始了对"生活的意义"的探索。就算是孩子，也想弄清自己的力量和自己在周围环境中的地位。在儿童发展的前五年，已经具备了一套固定的行为模式，即他们以怎样的方式和方法去对待一切事情。此时，他们对于自己和社会所向往的发展模式已经有了深层次的概念。此后，他们就会利用自己对社会和自我的看法来关注整个世界。因为在儿童时期还不知道何为社会经验，所以需要有人对他们加以诠释，这样就逐渐赋予了他们生活的意义。

对孩子们而言，即使对意义的认知已经偏离正轨，即使他们所采用的处理方式还会带来接二连三的错误，他们也不会改变。只有他们重新检讨，对自己的认知加以改正，才会使他们对于人生意义的理解得到改变。有时，犯错带来的严重后果会强迫性地驱使他们改变自己对人生的认识，然后完善自我。但是如果没有任何方面的压力，他们就不会意识到其中的谬误，还会执着于错误之中，以至于结果无法收拾。一般来说，要想让自己对人生的认知走向正确的轨道就要接受专业的心理学人士的指导，他们可以帮助我们找到错误的根源并探寻到正确的人生意义。

人们在儿童时期的情境有多种解释方法，童年的不快乐很可能被赋予相反的意义。比如，有的孩子童年生活并不快乐，他就会尽其所能让自己找到一个摆脱困境的方法。由此，他就会产生这样的想法："我一定要使自己的状况得到改善，不要让我的孩子再在这样的环境中成长。"

而有的孩子则会想："上天真的好不公平，为什么总让别人享受美好的东西？既然上天对我这样残忍，我还有必要对别人给予慈爱吗？"

也许有的父母会这样告诉自己的孩子："我的童年就是从贫苦中过来的，可是你为什么就一点苦都不能吃呢？"

有人则认为："因为童年时我受了很多苦，所以我现在做什么都无可厚非。"

从以上的事例中我们可以看出，他们对于人生的理解已经表现在他们的行为之中，如果他们不对自己的思想加以改变，行为自然也不会改变。

每个人的经历并不能决定人生的成与败，这就是个体心理学对决定论的反对之处。一个人的经历不能决定其一生的命运，但会对人的命运造成影响。如果我们将某种特殊的经历作为未来人生的基础，那么必定会被误导。环境因素并不能决定人生的意义，我们却可以通过解读自己的人生状况来改变命运。

身体缺陷

然而，成年人中的失败者，大部分都是因为在童年时期就未对人生的定义形成正确的认识，并让这种错误一直发展。其中包括那些在婴幼儿时期患病或存有缺陷的孩子。这样的孩子经历了痛苦的童年，根本无法意识到人生的意义就是对社会的贡献。除非让那些与他经历相似的人对他加以引导，让其将关注力放在他人身上，否则他们一生都会以自我为中心。如今，他们常常因为周围人的嘲笑、同情或挤对而变得更加自卑。在这种环境下成长的孩子，会因为自己受到社会的侮辱而变得内向，并且还认为自己不会对社会有任何贡献。

身体器官的残缺或内分泌异常都会导致儿童在生活方面产生困难，我想，我是第一个对此领域加以研究的人。虽然这一分支在业内已经取得了不少成就，但它的发展方向却偏离了我的愿望。我一直在寻找克服这种困难的方法，而非让他们将发生这种状况的原因归于人身体的缺陷或者内分泌的异常。身体的缺陷并不能强迫一个人的心理朝错误的方向去发展，而内分泌也不会对两个儿童产生同样的作用。我们常常看到这样一种现象：那些有困难的儿童在克服困难的同时，会将自己内在的巨大潜能激发出来。

正因如此，宣传优生优育并不是个体心理学家所倡导的。有很多具有先天缺陷的人，常常成为某一时代的杰出人才，虽然他们有的一生与病魔相伴，有的英年早逝，但他们的贡献是实实在在的。人类许多伟大的发明，正是由这些人创造出来的。他们的坚强源自奋斗，他们执着于常人都无法完成的事业，所以成就就是理所应当的了。仅凭对人肉体的观察，我们无从判断心灵发展方向的好坏。然而迄今为止，大部分具有先天缺陷或内分泌异常的儿童都未接受过正确的训练。正因为无人可以理解他们的痛苦，所以他们越来越自我。由此我们也就明白了那些先天具有缺陷的儿童大多是失败者的原因，因为他们往往过于关注自己的缺失而形成一种无形的压力。

溺 爱

家长对孩子的过于宠爱也是导致孩子对生活的意义进行曲解的一大因素。在那些孩子的心目中，他们的愿望就是法律，自己无需争取便可获得一切。他们还认为自己天生就具有某种权力，无人能及。然而，一旦他们不再成为众人的焦点，他们的位置被人取代时，便会无法忍受，他觉得周围的人都对他有所亏欠。在他们的生活中，已经习惯了只索取而不付出，他们根本不懂得如何面对生活中的问题。因为一直生活在别人的关照之中，他们已经没有了自立能力，也从不知道自己能做什么。他们的脑海中除了自己别无他物，根本不懂得与人相处、合作的益处。当有困难出现，他们唯一想到的便是求助于人。他们认为，如果他能重新成为众人的焦点，如果人们可以再次承认他是杰出的人，那么情况就会大有改观。

过于受宠的孩子在长大后，很可能会成为危险人群。其中有些人甚至会恩将仇报，表面装出"媚世"的姿态，私下却一直寻找机会攻击别人。如果让他们像普通人一样合作完成某件事，他们定不会服从，或者公然反抗。如果他们不再得到别人的关心和呵护，就会认为有人在他们背后进行攻击。他们以为众人都与之敌对，所以只要有机会便会打击报复。如果人们对他的处事方式不能接受，他就会认为这一行为是对他的虐待，所以对他们的惩罚不会起到任何作用。他们只会这样想：所有的人都在和我作对。这样的孩子无论是对别人公然反抗还是将别人的善意当成恶意，都表明他们对人生的理解是错误的。有些人会在不同的时期采用不同的方法，但是他们的思想永远不会有所改观：人生的意义就是自己永远第一，自己至高无上，自己可以为所欲为。如果他们一直持这样的人生态度，他们的方法永远不会正确。

冷 落

受人冷落的儿童是第三种"问题儿童"。他们的人生同样容易偏离正轨。这些孩子根本不知道关心和互助的概念，因为在他们的脑海中从来没有这些名词。我们可以想象出，当他们在生活中遇到不悦，总会高估困难的程度，从不去争取他人的帮助。当他看到社会冷漠的一面就会认定整个社会都是如此。他们不会想到，帮助他人做一些事就可以赢得他人的尊敬和喜爱。他们连自己都无法相信，更别提相信他人了。

实际上，任何经验都无法与感情相比拟。母亲最初的任务就是让孩子一出生就感受到对自己的依赖之情。继而，她可以让孩子将这种感情范围扩大，直至周围的每一件事物。如果母亲没有完成这一任务，也就是没有让孩子对周围产生兴趣，并形成合作与互助的情感，那么孩子就很难对社会形成关注，也很难再有与人合作的意识。与他人合作的能力人人都有，但这却是经过培养才得以体现的，否则根本无法尽情地展现出来。

如果我们对一个被人忽视、不受欢迎和没人理睬的孩子进行研究，就可能发现，他们从来没有与人合作的意识，他们就像与世隔绝了，不能很好地与人沟通，对互助互爱的事情更是一窍不通。之前我们已经提到，这样的人生毫无意义。事实告诉我们，如果一个孩子在婴儿期是平安度过的，那么他就已经很好地受到了关心和照顾。所以，对于完全被忽视的孩子我们暂且不管，接下来让我们说说那些常常被人忽视的孩子和那些只有某些方面被忽视的孩子。总之，事实证明，被人忽视的孩子根本没有对人的依赖感。我们感到很悲痛，在这个文明的社会中，失败的人常常不是孤儿就是私生子，因为这样的孩子被人忽视的概率更大。

从以上我们得知，身体残缺、被过于宠爱和被人忽视的孩子是很容易被误导的，他们经常形成错误的人生观。这些孩子极力需要他人的帮助，让他们找到处理问题的正确方法。他们需要在别人的帮助下找到人生的意义。如果我们已经给予了他们帮助，就会在他们所做的每件事中看出他们对人生意义的理解。

梦对早期记忆的影响

通过研究证明，做梦和想象是很有用处的，因为人在睡梦中和在清醒时的性格是一样的，只是在梦中人的压力较小，人的性格会毫不隐瞒地被表现出来。但是如果我们想了解自己对于人生意义的认识，必须有记忆的帮助。不管我们的记忆多么零碎，都是极其重要的。因为从记忆的角度我们可以这样理解，这正是记忆在提醒着我们某段事情应该被记住。记忆在告诉人们："这就是你所希望的事情""这就是你要逃避的事情"或者"你的人生就是这样的"。留在脑海中的记忆会凝结成我们生活中的一种经验，它可以让我们找到人生的意义所在。所以，每一段记忆都是不可或缺的。

儿童早期的记忆对于我们了解他们的生活方式和生活态度有着极为重要的作用，由此可见早期记忆的重要性。其原因有两点：第一，这是他们对自己和周围环境的最初印象，这是他们第一次将他自己的外貌、他对自己的评价、别人对他的态度综合起来进行审视。第二，这是他们第一次有了自己主观的观点，也是他们人生记录的开始。所以在他们早期的记忆中，我们会发现他们对自己地位的认知：是弱势的或不安全的，还是强势的、安全的，以及他们之间的区别。他最初的记忆是不是他记忆中的第一件事，或者他记忆中的事情是否真的发生过，心理学家认为这并不重要。重要的是，他们的记忆中对于未来生活的影响有多大。

接下来我想针对早期记忆的问题举例说明，看他们对以后人生意义的定位有何影响。如果一个女孩在提到最初记忆的时候，脸上带有无奈和悲哀的表情这样说道："咖啡壶从桌子上掉下来，烫伤了我。"那么你就不必惊讶于她在以后的人生中总是过于夸大危险和困难的程度，更不必惊讶于她认为别人对她的关心不够。因为有些人往往就是这么不精心，把一个小孩子置于危险之中。

还有一个与之相似的例子：一个人这样说道："我在三岁的时候，曾从婴儿车上掉了下来。"后来他就常常做这样的一个梦："世界末日就要来了，我在半夜醒来的时候，看到天空是一片火红的颜色。星星们纷纷落下，地球撞在了另一个星球上。就在将要毁灭的时候，我被惊醒了。"他是我的一位患者，现在还是个学生。当他被别人问到害怕什么的时候，他会说："我怕这一生一事无成。"

显然，早期的记忆和噩梦的出现，令他对生活越来越失望，他极其害怕失败和灾难发生。

有一个男孩一直有尿床症，并且他还常常和妈妈吵架，所以在 12 岁那年他被带到我的诊所医治。在他儿时的记忆中有这样一段经历：有一次，他躲进了衣橱中，然而妈妈却以为他走丢了，于是跑到大街上焦急地去寻找、呼喊。这样在他的记忆中就留有了这样一种印象：要想引起别人的注意就要制造一些麻烦。在别人忽视我的时候，我可以通过欺骗他人而得到重视。尿床症使他成为众人关心和关注的对象，所以母亲的焦虑和担心更加深了他对自己观点的认同。

在之前的这个例子中我们可以看出：在男孩的心里，外面是一个充满危险的世界，只有让别人担心他才会拥有安全感。他一直认为这是最可靠的方法，在他需要的时候只要使用这种方法就会马上得到别人的保护。

在一个 35 岁女人的早期记忆中有这样的一件事："楼道中一片漆黑，我独自下楼，比我大一些的表兄朝我走来，我害怕极了。"从这段记忆中我们可以看出她不喜欢和其他孩子在一起玩，也不喜欢和异性相处。我猜测她是独生女，事实也的确如此，然而，她此时还是单身。

在下面的这个例子中，我们可以体会到一种社会情感的发展："在我小时候，妈妈让我推着妹妹的婴儿车。"从中我们可以看出：她和比自己弱小的人在一起才会感觉轻松，并且对母亲有一种依赖感。一个家庭的最佳教育方式就是，让年龄稍大的孩子照看自己的弟弟妹妹，这样既可以培养他们的合作精神，也会让他对家庭中的新成员产生兴趣，还让他们为家庭承担了一部分责任。如果这成为他们一种自愿的行为，哥哥姐姐就不会认为新生儿的出生让父母忽略了自己，也不会让他们对自己的弟弟妹妹产生憎恨感。

喜欢与人相处，并不能表明真正对他人有兴趣。一个女孩的早期记忆是这样的："我和姐姐经常和另外两个女孩在一起玩。"由此我们可以看出她是一个很喜欢群体合作的女孩子。但是她说到自己的恐惧时却说："我害怕一个人待着。"这时我们就又对她有了新的认识：她是一个独立性很差的女孩。所以由此我们看出她与人相处并不是因为兴趣，而是让自己不再孤单。

当我们真正了解了人生的意义，就找到了打开人性格的钥匙。常常有人说性格是无法改变的，这是因为他们还没有找到改变的方法。正如我们所见，如果找不到错误的根源，我们的任何治疗方法都不会有效，而唯一有效的方法就是培养他们的勇气和与人合作的精神。

合作的重要性

防止神经性疾病产生的唯一方法就是培养合作精神。所以，让孩子学会与人合作，并让孩子在日常生活或游戏中学会自己处理与同伴之间的关系是极其重要的。不管阻碍怎样的合作方式，都会产生不良的后果。比如，在家中惯于受宠的孩子总是有些自私，他们同样会将这种自私的性格带入学校。若想让他对学习产生兴趣，唯一办法是让他在心里感到自己会受到老师的称赞。他只喜欢自己感兴趣的课程。随着年龄的增长，他们这种缺乏合作精神所导致的不良后果会越来越明显。在他初次产生了对人生意义的误解时，便不会发展自己的责任感和独立性。也就是在这时，他已经无法面对人生的挫折和困难。

我们不能指责某个成年人曾经在童年时犯的错，这正如我们不能让一个从未有过正规合作训练的人去灵活应对需要与他人合作的问题，不能让一个对地理一窍不通的人去参加地理测试一样。当他们犯下了错误，我们要帮助他们纠正。要想解决人生中的各种问题，必须有合作精神；在人类发展的前提下，做任何事情都需要为社会谋求福祉。只有一个人明白了人生的意义在于奉献，才会勇敢地去面对困难，才有更大的机会取得成功。

如果孩子在对人生意义的认识上所犯的错误被家长、老师和心理学家所熟知，只有他们不再重复同样的错误，我们就有信心说，那些社会情感欠缺的孩子们最后总会认识到自身的能力和人生的机遇。他们在困难面前会反复尝试；他们不会逃避、推脱责任或者寻找不合常规的捷径；他们不会要求他人给予特殊的照顾和帮助；他们也不会感觉丢人或想去报复，或者有这样的想法："人生没有任何意义，我又能得到什么？"他们定会认为："我们必须有自己的人生。这是我们的事，我能够处理好。我们自己的事可以自己做主。如果有什么推陈出新的工作，我怎么能不参加？"如果人人抱有这种思想，都有自立的合作精神，那么人类文明的发展将永不停息。

第二章　心灵和肉体

心灵和肉体的联系与冲突

对于精神支配肉体还是肉体支配精神的问题，人们一直各执己见。许多哲学家也参与其中，他们将之看成是唯心论还是唯物论的问题。哲学家们为自己的观点摆出了上千条理由，但最终仍然没有结果。在这一问题上个体心理学也许可以提供一些帮助，因为在个体心理学看来，我们关注的是肉体和精神的相互作用。身患重病的人也是有着精神和肉体两方面的，可是如果我们从错误的理论入手，病人便不会康复。所以我们的理论一定要有经验做后盾，且是能够经受住考验的经验。我们需要找到它们相互之间的作用，并找到正确的入口。

个体心理学让这一问题变得简单化，它们不再是一个绝对肯定或绝对否定的问题。精神和肉体只不过是人生中的两种表现形式，在人的一生中它们缺一不可。我们只有从整体去了解它们两者的关系。生命在于运动，但并不仅仅是身体上的锻炼，因为在运动的背后还有另一个重要因素。种子在土地中生根发芽后，就被固定在一个特定的位置，不可随便移动。所以，当我们发现原来植物同样具有某一种或几种精神时，会很吃惊。即使植物可以预知未来，然而却对它没有任何用处。比如，植物已经预料到："一会儿将有人走过来，踩到我的身体。"这是没有任何用处的，因为即使预料到，结果仍然无法改变。

但是，人就可以将预料到的事情用于确定事物的发展方向上。这就告诉了我们人是有精神的。

"当然，你想好了，要不你不会这么做的。"（《哈姆雷特》第三幕第四场）

精神因素的核心力量是有预知能力并指导自己的发展方向。

然而，能够说明长有两条腿的人都有精神或灵魂，是因为人能够对各种事物进行预测并确定事物的发展方向。如果我们了解了这些，就会明白精神对肉体的支配关系了，也就是说精神为运动指明了方向。但是我们始终要有一个固定的目标，反复来回的运动是没有用的。因为精神支配着运动，所以精神是主导因素。然而，肉体同样会反过来影响精神，因为运动的完成者是肉体。只有身体因素允许，精神才可以支配精神。比如，我们很想去月球，但是必须借助高科技的帮助才可以完成，否则只是空想。

人类的活动范围比其他动物要大得多，这里指的不仅仅是活动的方式（这一点从人手的动作中就可看出），对于环境的影响也很大。所以，我们可以预想，人类的大脑会越来越有预见性，人类奋斗的目的性也会越来越强，以改善他们在整个情境中的地位。

此外，在为了局部目标而进行局部动作的背后，我们还发现，每个人的心目中都有单一的、能包含一切部分运动的动作。如果我们所做的一切都是为了寻求一种安全感，即克服所有困难并将自己从中解脱出来的感觉。为了达到即将完成的目标，所有的运动和表现都必须协调一致。就像我们即将达至最后的成功一样，激情会全面爆发并信心十足。

肉体也一样，它和努力也要合为一体。肉体在形成之初就开始向理想的状态发育了。比如，如果皮肤干裂，整个身体都会努力让其复原。不过这不是肉体的独自努力，精神也发挥着不可忽视的作用。运动和卫生之类的知识已经证明，在精神的帮助下皮肤会复原得更快。

人的生命从始至终，精神和肉体的合作就在不断地进行着，他们就像一个相互的整体，不可分割。精神就像发动机一样，可以将人体的潜能全部激发出来，使身体变得强壮。我们的思想可以通过身体的动作、表情和行为来表现出来。人只要有动作，这个动作就是有意义的。人们的眼睛、舌头和脸部有了动作，使我们表现出各种表情，这正是心灵赋予我们的某种意义。那么心理学和精神科学所研究的到底是哪些问题？心理学的目的就是找出一个人所表现出来的各种动作所代表的意义，并探寻其最终目的，然后将这一目的和其他人的目的相比较。

我们的任何动作都是有目标的，而精神则将这种目标变得更加明确，它需要计算出我们要走的路，以及走哪条路会更加安全顺利。当然，这一过程中的错误也不可避免。一旦目标变得不确定或者方向歪曲，就不会发生动作。如果我们动动自己的双手，头脑中必定会反应出动的目的。但是头脑的选择也并非时时正确，如果选择错了，那就证明头脑中错以为这就是最正确的。所以，心理上的错误注定会出现行动上的错误。我们人人都在寻找安全的目标，可是安全到底在哪里呢？有些人在关键问题上出了错，思想的选择就会犯错，所以朝向了错误的方向。

当我们看到一个表情和征兆时，如果无法判断其所代表的含义，最好将其束之高阁、不去理睬。就拿偷盗来说，偷盗者会将别人的财物据为己有。现在我们来分析一下这一动作的目的：偷盗者想拥有更多的财富，越多越有安全感。所以，这一动作就是由贫穷或缺乏引起的。接下来我们就要对这个人所处的环境以及他产生匮乏的想法进行分析了。最后，我们要做这样的假设：如果他生活的环境得到改变，或者生活并不贫穷的时候，他还会偷盗吗？对于他的最终目的我们无需指责，可是我们已经明白，为了达到自己的目的他走上了错误的道路。

正如我前边所述，人在四五岁之前就已经有了统一的思维和精神与肉体的合作。在这一时期，他有着遗传而来的素质和对周围环境的印象，并使这些东西适应他再高一层的追求。在六岁之前，他的人格已经定性，对于人生的意义、追求的目标、处事的态度、情感的秉性也已定型。这些在长大后也许会有变化，可是他首先要摒弃幼年时错误思维的导向。正是因为他的想法和行为是跟他对生活的认知相适应，所以如果他可以改变自己的想法，他的新想法和新行为就必须和对生活的新认知相适应。

每个人对周围环境的印象，都是通过感觉器官来获得的。所以，我们可以从一个人锻炼身体的方式中，看到他想从自己所在的环境中获取怎样的印象，以及其想达到的目的。我们可以通过一个人的观察力和聆听力来了解其感兴趣的方面，并通过此对他进行了解。从中我们可以看出人们是怎样用姿势训练自己的感知并让自己保留印象的。由此可见，姿势是极其重要的，每一个姿势都有着其特定的意义。

在原有的心理学定义基础之上，我们可以再添加一点东西，看是什么造成了人与人之间思维上如此大的差异。心理学主要研究的是身体对周围环境的感知形成的态度。身体如果不能去适应环境，达不到环境所提出的要求，就会使精神上的负担加重。正因为此，身体有缺陷的孩子在智力上总是比正常孩子发育得迟缓。他们的大脑更难使身体的动作协调一致。他们若想和正常人一样生活，就需要精力更加集中。所以，他们的精神负担会很重，容易变成自私自利的人。如果一个孩子总是过于关注自己的缺陷和行动受限，那么他自然就没有过多的精力去关心别人了。他们认为不管是时间还是动作都会限制他去关心他人，所以长大之后情感就会淡漠，自然也就没有很好的合作能力了。

我们必须承认，身体上的缺陷给我们带来了诸多不便，这是我们无法改变的。如果身体有缺陷的人精神上是积极向上的，他就会勇敢地克服一切困难，这样他就会和普通人没有什么区别，照样可以取得巨大的成功。实际上，虽然有些孩子有先天的缺陷，但其取得的成就却远远大于正常儿童。比如，一个弱视的孩子会承受比普通孩子更多的压力，他看外面的世界要比其他孩子费力得多。可是这就致使他更加关注视觉世界，让自己更努力地分清东西的色彩和形状。结果，其对于视觉方面的感觉反而优于正常的孩子，也会比他们更有欣赏力。所以，只要克服了精神上的障碍，身体的缺陷就不再是障碍，反而会成为一种有利的条件。

据我所知，很多画家和诗人都有着视觉方面的欠缺，可是他们却经过了独自训练，越过了缺陷的障碍，他们的视觉利用率远远超过正常人。这种补偿现象也许在左撇子孩子身上会更加显著。在家里或学校常常有人让他们刻意改掉用左手写字的坏习惯。他们用右手画画、写字当然不如左手灵活。可是如果他们通过大脑的支配让自己克服这些困难，右手同样会变得和左手一样灵活。事实确实如此。在现实中，很多左撇子的孩子画画和写字都比其他孩子漂亮得多，手工活也做得同样好。因为他们找到了正确的方法，有着做好事情的动力，然后加上自己的努力，就会转劣为优。

只有想将自己融入整体、不只关注自己的孩子，才会慢慢弥补自身的缺陷。那些一心想摆脱困难的孩子，肯定会落后于他人。只有他们心中有一个克服困难、努力争取的目标，才会有加倍的勇气。

这是关于兴趣和关注力的问题。如果他将目标定位于身体之外的其他方面，他们就会培养、训练自己达到指定的目标。他们也会认为困难是成功之路上必须清除的阻碍。可是他们如果只将注意力放在自身的缺陷上，或者将自己的目标定为摆脱天生的缺陷，他们就无法取得成功。我们使笨手变得灵活的方法不是总想这只手要怎么办、这只手如果没有那么笨就好了、我可以不使用这只笨手，而是积极锻炼，让其变得更加灵活。这就需要我们的锻炼和实践了，并且要摆脱笨手带给我们的消极影响。如果一个孩子想去克服某项困难，肯定会为自己制定一个目标：关注社会，关注他人，与他人合作。

我对患有肾管缺陷的家族的研究，可以作为遗传的缺陷被转变的事例。这些家庭的孩子们，有很多患有遗尿症，他们的缺陷很明显，肾脏、膀胱或脊柱分裂的问题也显而易见。并且，从腰部的痣和胎记中，我们也可以很明显地看到这一缺陷。可是，我们并不能将这种疾病完全归于身体上的缺陷。患病的孩子并不是在器官的控制下生活的，他可以自己掌控自己的器官。比如，有些孩子晚上会尿床，可是白天却不会尿裤子。有时，这种毛病会随着环境的转变或父母关注力的下降而消失。如果患病孩子没有智力上的障碍，他不会总拿自己的缺陷去做一些不该做的事，因为遗尿症是可以克服的。

但是，大部分患病的孩子是因为自己受到了外界的刺激，不想去克服，所以他们不能改掉自己的毛病。有经验的母亲会给他们一定的训练让其改掉这种毛病，然而经验不丰富的母亲却往往不知道该如何做。有肾脏或者膀胱疾病的孩子在听到撒尿的字眼时，常常高度紧张。母亲也不该在孩子刚刚尿床的时候就去制止，当孩子知道别人总是关注他的这种行为时，就会产生厌烦心理。这样就会致使孩子不去接受相应的训练。

据德国一位社会学家统计：父母的职业与犯罪相关，其孩子犯罪率很高，比如法官、警察或狱警的孩子。教师的孩子学习却常常并不优秀，这有足够的事实可以证明。医生的孩子往往产生很多精神问题。牧师的孩子有很多会变为堕落分子。同样，如果父母对于孩子的撒尿行为过于关注，就恰恰为孩子提供了一个表现自己的机会，他们会通过这种方式表明自己的意志。

尿床的事实也可以归结到另一件事上：我们是如何通过做梦来表达自己的愿望的。孩子在晚上常常梦到自己上厕所的行为，这样他就有了足够的借口去尿床。他们通过尿床常常可以达到很多目的：引起别人的注意，致使别人去做事，让别人时时刻刻以自己为焦点。这种方法有时也是对抗父母的一种方式。不管从哪方面来说，尿床都可以说是一种创意：他们不是用嘴表达意愿，而是用膀胱。身体的缺陷为他们表达自己提供了一个很好的借口。

以这种方法表达自己的孩子常常是因为受到了一些压力。比如，他们曾经很受关注，如今却被忽略了。或许在他的弟弟妹妹出生后，父母的关爱减少了。所以，他就急需吸引母亲的目光，他只想达到这一目的，却不管利用怎样的方法。这其实是在告诉母亲："我并不是你想象的那样，我仍然是一个孩子，我也需要别人的照顾。"

处于不同环境和身体有着其他缺陷的孩子也会有这样的行为，以达到自己的目的。比如，他们会用哭闹的声音引起别人的注意。有些孩子会梦游或者做噩梦、掉到地上，或者说自己口渴并嚷着要喝水。其实这些孩子的心理是相同的。这些症状的发生，一部分来自于其所处的环境，一部分来自于他们的身体素质。

从以上事例我们看出了精神对肉体的影响。精神也有可能引起人的某种病症，并影响整个身体的发育。目前虽然我们并不能证明这种说法是绝对的，但是也有一些可以证明的事例。一个胆小的男孩子也许会造成身体发育的萎缩。他不注重自己身体的锻炼，或者说，他根本没有在意过自己的身体会发育成什么样。所以，他从来不积极锻炼身体。即使他看到外面有很多孩子都在锻炼，他却对此毫无感觉。那些喜欢锻炼的孩子的性格自然比这个胆小的孩子开朗豪放。

从以上的事例中我们看到：精神会影响身体的形态和发育，

身体反过来也会影响到精神上的不足。由精神引起的身体不适的事情我们常常遇到，那是因为这个人还未找到一种可以克服身体障碍的方法。比如，人的内分泌腺在四五岁之前对孩子有着很大的影响。如果腺体有不足之处，虽然不会对身体有强制作用，可是却总是被周围的环境、孩子的喜好、他们脑海中活跃的思想所左右。

情感的作用

我们称人随生活环境所做的改变为文化。我们的文化是精神促使肉体去产生行为的结果。精神促使我们去工作，又指导着我们身体的发育。最终我们会发现人的每一种行为都是有目的性的。当然，精神也不是我们想象的那么无所不能，要想克服困难还得有健康的身体作为保障。所以，精神就是这样对环境产生影响的：它要让身体免受疾病、死亡、伤痛、意外事故、衰竭的侵袭。我们感受快乐与痛苦、产生各种幻想、对事物的辨知能力，都有助于我们完成这一目标。

幻想和识别是预测未来的一种方式，不仅如此，它们还可以激发人的感知，使身体受它的支配。这样，个体的人生态度和奋斗目标就为感知规定了限制。感知虽然在很大程度上仍然对身体有着支配作用，但是对身体并没有依赖作用，它主要由个体的目标和人生态度所决定。

显然，一个人的行为不单单受人生态度的约束。如果没有其他方面的帮助，态度是不会产生行动的，还需要强制的方法。新的个体心理学认为：感知和人生态度是不矛盾的，一旦有了明确的目标，感知总是以目标为中心进行调整。所以，这一点已经超出了生理学和生物学的范围。感知的根源也不能用化学理论和化学实验进行解释和预测。在个体心理学中，我们虽然关注的是心理上的目标，但是必须以生理学为基础。比如，我们不会过于关注焦虑对交感神经和副交感神经的影响，而是关注焦虑的目标。

据以上观点可知，焦虑产生的原因并不是压抑性欲和难产引起的后遗症。这样的说法简直荒唐。我们知道，那些习惯被母亲呵护、陪伴的孩子会发现，他们无论何种原因的焦虑都会引起母亲的注意，所以这就成为他们控制自己母亲的方式。据经验得知，发怒也可以有效地控制某人或某种局势。当我们认为身体或精神的特征都是来自遗传时，必须关注遗传在向目标前进的过程中所起的作用。这好像是心理学研究的唯一对象。

从任何人身上我们都会发现，感知是朝着某一个方向发展的，并且他对人类实现目标起着举足轻重的作用。不管是快乐的忧伤的、勇敢的萎缩的，情感和人生态度总是相适应的，他们的表现方式和程度也和我们预料的几无差别。总是在经历了痛苦之后才有了优越感的人，不会因为这点成就而变得快乐。如果我们多加注意，就会发现感知也是可以被我们呼来喝去的。那些患有广场焦虑症的人，独自一人在家或者派遣别人去做事时，他的焦虑就会消失。神经官能症患者当感觉到自己不能指派任何人时，就会排斥生活中的任何方面。

情绪也和人生态度一样固定不变。比如，胆小的人总是胆小，虽然他们在有人保护的时候不会害怕，或者在弱势的人面前会变得气势强大，但内心的恐惧感仍不会消失。在他的房间里可能会有三层防盗锁、几只看门狗和几个报警器，却依然吹嘘自己如何勇敢。本来不会有人认为他是胆小怕事的，但是他过于谨慎的行动已经告诉了人们他的焦虑。

性欲和恋爱也与此相似。如果一个人的心中有了性的目标，就会产生性的感知力。在他的脑海中，除了认定的性目标，对其他人均无兴趣，由此他的性器官也会产生相应的感觉。可是当这种感觉消失或者不再正常时，他就会出现阳痿、早泄、性冷淡甚至变态等症状。这足以表明他不想放弃那些不利于身心健康的行为。这些往往是由于不正确的优越感和人生态度造就的。在这样的事例中，我们常常看到这样的情形：他们不去体恤对方，却一直在乞求着对方为自己着想。他们不但没有社会情感，他们的勇气也不足，人生态度同样有误。

我有这样一个病人，他是家中的次子，他被自己内心的负罪感深深地折磨着。在他的父亲和哥哥眼中，他对诚实极为注重。在七岁那年，有一次他让哥哥代替他做作业，然而他却向老师撒谎，说那是自己做的。这件事带给他的负罪感一直缠绕了他三年。后来，他终于鼓足勇气向老师说明了一切，而老师却付之一笑。然后，他又哭泣着向父亲诉说了这件事。父亲没有表现出毫不在意的表情，而是将他夸奖了一番，并为有这样诚实的孩子而感到骄傲。但即使得到了父亲的原谅，他的内心仍没有平静下来。从事例中我们可以看出：一个孩子因为犯了一个微不足道的错误却如此自责，只不过是想证明自己是一个真正诚实的孩子。家庭中高尚的道德观念使他在品质方面比他人优秀。因为他在学习和社会生活中的成绩都比不上哥哥，所以就想通过其他方法获得别人的赞同。

后来，他又因为自己染上了其他坏习惯而陷入深深的自责中。他常常手淫，并且在考试中作弊的毛病也一直没有改掉。每次考试过后，他的负罪感就会加深一层。随着年龄越来越大，他的这些毛病就越来越难改。他的内心是脆弱的，所以压力也比他的哥哥大很多。只要他在某一方面上的成就比不上哥哥，就会为自己找各种理由。在离开学校后，他想去工作，可是由于内心的负罪感一直折磨着他，他整天在乞求上天的宽恕。就这样，他连工作的时间都占用了。

如今，他的精神已经极度不正常，所以不得不来到精神病医院。医生们都对他束手无策。但是，一段时间以后，他的身体却开始转好了。他将要出院的时候，医生告诉他，如果有什么不适可以再次来医院复诊。之后，他却面对着所有的教徒跪下，哭喊道："我的罪孽太过深重了！"他的内心再一次变得无比脆弱，所以，他又在医院住了一段时间才回到家中。有一天，他竟然一丝不挂地出现在了餐厅里。因为他的身材的确很好，这一点足以比得过他的哥哥和其他人。

他的负罪感可以让他变得更加诚实，也可以让他努力发挥自己的优点。可是，他的发展方向却出现了错误。他不想考试、不想工作，都证明了他是一个胆小怕事又不自信的人。并且他的任何一种精神病症都表明他极为害怕失败。他在教徒面前的行为和裸体进入餐厅的行为，都表示他可以不顾一切以获取优势。他的人生态度引导着他行为的发生，而他的感知又和他的目的是一致的。

还有一种我们较为熟悉的行为可以证明精神对身体的影响，

它能够引起身体短暂的表现而不是固定的特质。实际上，我们的情感在某种程度上来讲是通过身体表达出来的。人的感情往往通过自身的动作表达出来，比如某种姿势、态度、表情和四肢的摆动。人体内的器官同样会发生这样的变化。比如，人的脸是红润还是苍白，这就是血液循环的变化。每个人都有自己的肢体语言，而他们的肢体语言也都是可以通过愤怒、焦虑、疼痛或其他感情来表现出来的。

当人遇到恐惧的事情时，就会出现很多不同的反应：头发竖起、心跳加速、冒冷汗、呼吸急促、声音嘶哑、浑身颤抖、动作僵硬等。有时，它也会影响人的身体健康，比如食欲不振或恶心呕吐等。情绪的变化有时会影响到人的膀胱，有时则会影响到人的性器官。很多人在遇到考试的时候就会出现性亢奋，我们应该知道，有很多人在犯罪之后常常去找女人发泄一番。在医学界，我们将性欲和焦虑看成同胞兄弟，但是有的人则认为两者没有任何关系。他们的观点都是从主观出发，由经验得来的。对于有些人来说，他们之间有联系；对于其他人则没有任何关系。这些反应因人而异。

研究发现，这些反应和遗传有着一定的联系。从中我们也可看出一个家族的弱点和特征。在特定的情境下，同一家族的人常常表现出相似的表情或行为。但是，最有意思的是，我们可以通过这些情绪来观察大脑是如何对身体进行支配的。

情感以及其在身体上的表现，可以让我们知道大脑是怎样对环境的好坏做出判断的。比如，一个人在生气的时候，总是想极力克服这种情绪。这时他最好采用攻击、指责、谩骂他人的方式进行发泄。生气也会使我们的器官受到影响，它会将各个器官都调动起来并使之变得紧张。有些人生气就会胃疼、脸涨得通红、血流加快、头脑混乱。一般情况下，人在压制怒火或受到羞辱后易犯头疼，而有些人则会引发三叉神经疼或癫痫。

对于精神影响身体的具体原理和方式，人们还从未做过全面的探索，我们对这些同样也不可能完全理解。精神紧张时自主神经系统和非自主神经系统都会受到影响。精神一紧张，自主神经就会主动上前"帮忙"，之后就会做出某些动作，比如敲桌子、咬嘴唇、撕纸等。当人受到威胁的时候也会出现像咬铅笔、啃指甲等行为。在陌生人面前脸红、颤抖或肌肉紧张都是一样的道理，也是焦虑和紧张的原因。在非自主神经的作用下，这种紧张就会传遍全身。所以，任何感情的出现，都会导致紧张的状态。但是，这种紧张不会像我们所列举的那么明显，因为在事例中提到的仅仅是由神经紧张引起的明显的身体状况。

在进一步的研究中，我们还会发现，人在表达任何一种情感的时候，都会调动身体的每一部分，并且这是精神和肉体相互作用的结果。精神和肉体的相互作用对于我们来说极为重要，因为它是我们关注的整体的一部分。

从以上的证据中我们发现：一个人的人生态度和情感会对身体的发育造成持续性的影响。事实确实如此，孩子的性格和人生态度在早期就有了整体的模式，如果你经验丰富，在此时你就可以预测到他们以后的发展状况。人的态度会在他的体格中显现出来。勇敢的人往往是体型较大，肌肉结实，站姿挺拔的。他的生活方式和情绪也会对他的身体造成影响，也许这也是肌肉健美的原因。勇敢的人连表情都与众不同，他们的外表甚至骨骼都是与人大不相同的。

如今，我们已经确信精神对大脑有着影响作用。病理学研究表明，如果一个人大脑的左半球受到了损伤，从而丧失了阅读和书写能力，那么大脑的其他部分会通过训练来弥补这一缺陷，从而使其功能变得正常。在中风者的身上我们常常看到这种情形，他们要想使他们大脑受损的部分修补好几乎不可能，可是大脑的其他部分会对它进行补充，使丧失的功能重新获得。这一事实告诉我们个体心理学是可以应用于教育方面的。如果精神对大脑的影响如此大，如果大脑仅是一个工具（即使是极为重要的工具，也仍然是一个工具），我们就可以寻找开发和改进这个工具的方法。那些脑病患者都不想甘受疾病的折磨，他们会训练大脑的其他部分，使大脑更加适应生活。

比如，当我们定位目标的方向出现错误的时候，精神就不会与大脑很好地合作，也不会帮助行事。所以，我们发现很多欠缺合作精神的孩子，在长大后，智力和理解力的开发程度不够。从他们成年后的行为中我们可以看出他们在四五岁时对生活的认知，还有他们对人生态度和世界观的看法，从中我们就可以找到他们生活中的障碍并帮其克服。个体心理学对于这方面的研究已经起步。

身心的不同特征

精神表现和肉体表现之间存在一种恒定的关系，已经成为许多学者的共识，但是却没有人想找出两者之间的连带或因果关系。比如，克雷奇默（Kretchmer）就曾说过通过人的体貌特征研究一个人的精神和情感特征的方法。他以明显的差别将人们划分为不同的类型，就像矮胖型的人都是圆脸、短鼻子、肥胖，就像莎士比亚在《恺撒大帝》中的描述一样：

"我愿我的周围都是胖子相伴，他们肥头大耳，能吃能睡。"（《恺撒大帝》第一幕第二场）

克雷奇默将人的体型和精神联系在一起，但是这样联系的原因他却没有提到。在现实中，这种人并不会受到人们的轻视，我们也可以接受他们的相貌。他们也会觉得自己和常人一样。他们力气大，有自信，心平气和，即使与人打斗也毫不畏惧。但是，他们不必认为别人都是他的敌人，也不必认为生活中充满了敌意。心理学中的一个派别称这类人为外向型人，可是没有说出原因。我们说他们外向，也许是他们并没有因为自己的身体而感到苦恼。

在克雷奇默的描述中，还有一种精神分裂型的人。他们不是长得很小就是长得很高；他们的鼻子很长，脑袋很尖。这种人常常不爱言谈，性格内向，只要受到了精神上的刺激，就极易患上精神分裂症。《恺撒大帝》中也有对这种人的描述：

"看卡修斯那副面黄肌瘦的模样，他心思很重，是个危险的人。"（《恺撒大帝》第一幕第二场）

也许正是因为身体上的缺陷让这些人变得越来越关注自我，从而越来越悲观和内向。他们也许想得到别人的关注，可是有一天他突然发现别人对自己的关注度不够时，便会变成尖刻多疑的人。其实，正如克雷奇默所说，精神分裂症的人身上所具有的精神特征，那些混合型的人或者矮胖的人中也会有。如果是因为环境的作用，使他们变得畏畏缩缩，丧失自信，我们完全可以理解。

因为任何一个孩子如果总是被人捉弄，也会变得自信不足，甚至变成神经病病人。

在长期的经验中，我们看到了人与人合作的程度。因为我们不知道人与人之间可以合作到何种程度，所以一直在摸索中寻求答案。在生活中我们已经看到了合作的重要性，也已经感受到了在纷杂的世界中为自己定位的必要性。我们同样可以看到，在那些重大的历史变革之前，人们的思想已经对此有所意识，并努力去促使它成功。这种努力是一种本能的表现，所以错误就在所难免。那些行为古怪、长相丑陋的人总是不受欢迎的。不知道为什么，人们总感觉和这样的人合作很困难。其实这种思想并不正确，也许是因为有的人有过合作失败的经验才这样认为的。如今，我们仍没有找到与这种人合作的最佳方法。因此，他们的缺陷常常被我们夸大，他们本人自然也就因为缺陷而成为众人排斥的对象。

现在我们对以上的观点进行总结。在四五岁的时候，孩子的奋斗目标便开始统一，精神和肉体的关系也变得紧密起来。孩子的人生态度已经基本形成，其情感世界、身体上的行为特征也随之产生。这种人生态度决定了具体的社会合作程度，从中我们可以对此人加以了解。比如，失败的人合作能力差，这是他们的一个共同特征。如今我们可以给心理学再下一个定义：它为了了解一个人合作的缺失程度。精神是一个整体，一个人的人生态度会贯穿他的一生，一个人的思想和情感也会和人生态度一致。如果我们看到某些情感出现了问题并且违反了自身的利益，你也总是很难去改变，因为这是人生态度的真实反映，只有改变了人生态度，才会使情感得到变化。

在此，个体心理学为我们的教育和治疗提供了一个启示。我们不能对于某一个病人或者某一种性格的人进行单独治疗。我们必须了解这个人在对人生进行选择时的错误思想、对人生的错误解读、自身的经历、他对周围环境的错误看法等。这才是心理学真正要研究的东西。而有些事并不是我们要研究的东西，比如，用针扎一下他们，看他能跳起多高；用手去挠他，看他笑得有多响。实际上，这种做法很普遍，这么做只能表明一个人的心理状态是怎样的，最多也只是说明他在某一层面上的人生态度是怎样的。

心理学中一个永远值得研究的话题是人生态度问题，而其他课题的心理学研究的则是生理学或生物学的问题。这样的说法对于那些研究刺激与反应、精神的创伤和感情经历的缘由、遗传对人的作用的人来说非常适合。但是个体心理学研究的只是人的精神问题。我们了解人们对世界的看法，只不过是想了解他们的目标、奋斗的方向和对待人生问题的态度。如今，我们理解一个人的最佳方法就是看他的合作能力如何。

第三章　自卑感与优越感

自卑心理

个体心理学的重大发现之一——自卑心理，已经众人皆知。很多学派都在使用这一名称，并将其应用到实践中。但是，我却不敢肯定他们对这一名词是否使用恰当或充分了解。比如，医生告诉病人：自卑没有任何益处可言，那么此人的自卑感反而会越来越重，根本达不到克服的目的。我们必须找到他人生态度的缺点所在，并在他缺乏勇气之时给他以鼓励。

神经官能症患者都有自卑心理存在。但是我们并不能根据这一点将神经官能症患者和其他类型的患者分开。我们只能从他对生活的失望感和他的努力和活动受到限制的程度来区分。如果我们对患有自卑症的人说："我知道你在受着自卑的折磨。"这根本起不到任何作用，更不能给他以勇气。这就好比对一个头疼的患者说："我知道你有头疼的毛病。"

如果我们问那些神经官能症病人是否有自卑感，很多人都会说"没有"。甚至有的人会说："恰恰相反，我觉得我比别人都强。"所以，这样的问题我们根本没有必要提问，我们只需观察此人的言行举止，就可以看到他在用什么方法显示自己不可一世的样子。比如，我们看到一个傲气十足的人，就可以猜出此人的想法："不要轻视我，我要让你们看看我是很强大的。"如果他在说话时总是指指点点的，我想他可能认为"不这么说话是没有人相信我的"。

在这些自高自大的人心里，其实都有一种隐藏的自卑感。这就好比那些身高不足的人走路常常踮着脚一样，这样会让他看起来高一点。这就像两个孩子比个子，害怕比不过对方的孩子常常挺直了身子站在那里，他想尽力让自己看起来高一点。我们如果问他："你是不是觉得自己不够高？"他定然不会承认。

所以，我们不能认为表现安静、乖巧、稳重的人就是有自卑感的人。自卑感的表现多种多样，也许这一点我们可以通过以下的例子加以说明。

三个孩子第一次去动物园，当站到关着狮子的铁笼子面前时，第一个孩子吓得躲到了妈妈的身后，说："我要回家。"第二个孩子在原地不动，脸色却变得苍白，浑身颤抖，可是嘴上却说："我一点也不怕它。"第三个孩子则瞪着狮子说："妈妈，我可以向它吐口水吗？"实际上，这三个孩子都很害怕，但是表现方式却不相同，这是由他们的人生态度决定的。

每个人的心中都有不同程度的自卑感，因为我们都想让自己的生活变得更好一些。可是，如果我们充满信心，用简单实际的方法去改变我们的生活，自卑感就可以慢慢消除。每个人都不会一生都存有自卑感，这样会使他难以负重，所以必须找到合理的解决办法才行。即使一个人失去了自信，不再想脚踏实地地努力以改变自己的生活，他仍不想被自卑感困扰，仍然时时刻刻想摆脱这种感觉。虽然他的目的仍是克服所有困难，但是他却不为之努力，只是寻求一种自我安慰，甚至强迫自己认为有优越感。但是，这样做不但无法消除自卑感，反而会越来越强烈。因为他无法解决问题的根源，所以他走的每一步都在自欺欺人，生活中的问题也会紧紧地跟随他，以至于压力越来越大。

如果我们只看他的行动而不去了解其内在意义，就会认为这种行动没有任何目的性。我们并不能从他的行动中看出要改变自己生活的动机。我们看到的是：他与其他人一样，极力争取一种充实感，但是却对改变自身处境没抱任何希望，我们觉得他的任何行动都有这种色彩。如果他感到了自己的软弱，他就会到一种让自己看似强大的环境中去。他让自己变得强大的方式并不是发展自己、让自己变得充实，而是让自己在心中变得不可一世。这种方法显然不起任何作用。如果在工作中遇到了不可解决的困难，他就会将气撒在家人身上，以此来说明自己依然有威严。但是不管他怎样自欺欺人，客观事实终究不可改变，自卑感也不会有丝毫的减少。久而久之，他的自卑感就会成为潜藏在心底的暗流，我们将这种情形称为"自卑心理"。

到此我们应该给自卑情结下一个明确的定义。当一个人遇到他无法解决的问题却深信自己能够解决时，就会表现出自卑情结。从中我们看出，不管是愤慨、泪水还是歉意，都是自卑的一种表现。因为自卑感会给人带来巨大的压力，所以他们就想通过一种优越感来释放自己，但是这种方法对于解决问题无济于事。他们往往将真正要解决的问题搁置一旁，而从那些乱七八糟的小事中寻求优越感。他会约束自己的行为，避开导致失败的因素，而不是勇敢向前，争取胜利。在困难面前，他们会表现出犹豫不定、不知所措、畏畏缩缩。

在那些患有广场恐惧症的人身上我们也可以看到这种情形，他们心中一直认为："我必须在熟悉的环境中待着，不能走远。生活中的危险太多，我必须躲开。"如果这种思想一直存在，此人就会将自己关在一个房间里，不肯出来甚至不肯下床。

在困难面前，最大的退缩表现就是自杀。此时，面对生活中的困难，这个人已经放弃了解决问题之道，且表现得无能为力。如果自杀被看作一种谴责或报复的话，我们就可以认为自杀的人同样在争取一种优越感。选择自杀的人总是把责任推给别人，他们好像要告诉别人："我是那么敏感、脆弱，可是你们却那么残忍地伤害我。"

从某种程度上来讲，几乎每个患有神经官能症的人都会限制自己的活动范围并避免与外界接触。他们想避开生活中的三大问题，让自己生活在自己可以主宰的范围内。就这样，他为自己筑起了一间"密室"，关上门，独自过远离世事的生活。他还会根据自己的经验选择使用恐吓的方法还是哭诉的方法统治自己的领地，总之，他们会选择最有效的手段。如果一种办法不行，他就会转而选择另一种，可是目的却是相同的——获得优越感，但不改变自己的处境。

比如，那些没有足够能力的孩子，发现眼泪可以帮他争取一切的时候，就会变成一个"爱哭鬼"，这种孩子以后会患忧郁症。我们称眼泪和抱怨为"水性的力量"，他们是破坏和谐、支配他人的一种有效手段。爱哭的孩子和那些胆小畏缩、有负罪感的孩子一

样，自卑心理会显露在表面。这些人会说自己无力照顾自己，他们想将自己超越别人、独霸天下的目标深深隐藏起来。相反，喜欢吹嘘的孩子则给人自高自大的感觉，但是如果我们撇开他的言语只观察他的行动，就会明白，他们是那种不承认自己有自卑心理的人。

其实，恋母情结也是神经官能症的一种特殊表现。如果一个人不能轻松地解决这个问题，也就无法克服自己的病症。如果他只把自己局限在家庭的"小城堡"中，我们就不能理解为什么他也总是在这个范围之内解决自己的性欲问题了。因为缺乏安全感，他从不会将兴趣放在自己熟悉的人之外。因为他已经习惯于在自己的范围内掌控他人，所以害怕控制不了这一范围之外的人。这种孩子大都在家过于娇惯，他们从小到大只认定一点：他们的愿望就是必须执行的法律。所以他们没有想到过到家庭之外去赢得爱情。这种人即使长大成人，也会愚忠于母亲。在爱情的世界里，他们想找的并不是平等的爱人，而是一个供他奴役的仆人，而他最忠实的仆人就是自己的母亲。如果母亲对孩子过于宠爱，不让他去关注别人，也不让他与父亲亲热，那么恋母情结会发生在任何孩子身上。

在神经官能症患者的身上有一大特征表现：行为受限。结巴的人在讲话时总是犹犹豫豫的样子。他们想与人交流，但是因为有自卑心理，总害怕别人不搭理他，所以说话时总犹豫不决。那些学校的差生，迈进中年仍找不到工作的人们，害怕谈婚论嫁的人，强迫自己重复一种动作的患者，总是精神不振的失眠症患者，都会表现出一种自卑心理，这致使他们无法解决自己生活中的问题。

有自慰、早泄、阳痿或者性变态的人都没有正确的人生态度，因为他们在与异性相处的过程中得不到性欲的满足。如果我们问他们："为什么你总是无法得到满足？"他追求的性对象就会说："这个人太爱胡思乱想了。"

我曾讲过，自卑感并非只有坏处，它亦可促使人去改变自身的处境。比如，人类只有认识到自己的无知，才会做好准备迎接未来，才会促使科学进步。它可以让我们改变自己的生存状况，进一步了解宇宙，更好地开拓生存环境。的确，人类文化的基础就是拥有自卑感。我们可以假设一个外星人来到了地球，他们一定会问："地球人总是努力开办各种协会、机构，尽力求取安全，为了避雨盖上房子，为了保暖穿上衣服，为了方便铺设道路，他们一定是地球上最脆弱的群体。"从某种程度上来说，事实的确如此。我们不如狮子和猩猩力量大，也不会像很多动物一样具有自我保护的本能。有些动物为了避免自身的缺点，会采取群居的方式，可是我们人类如果群居在一起，力量会远远超过那些动物。

我们都知道婴儿的身体是很脆弱的，孩子有很多年的时间都需要别人精心地照料。正因为每一个生命都是从脆弱的时候开始的，也正是因为人类之间如果没有合作就只能受环境的摆布，由此我们就可以很容易地明白，如果孩子不在合作中锻炼自己，就会越来越悲观，产生很深的自卑心理而无法自拔。同时我们还知道，人生中的问题总是接连不断的，即使非常善于合作的人也会遇到各种难题。谁都不会认为自己已经超越了世上所有的人，主宰了世界的一切。我们的身体虽然脆弱，生命虽然短暂，但是仍要对人生的三大问题不断丰富和补充。我们可以先找一个暂时的答案，但是绝不可以只满足于现在的成绩。无论怎样，我们都要继续努力，而努力的前提则是与人合作，这样的奋斗才有意义、有希望，这样才能使我们的环境得以改变。

人类永远不会达到自己终极的目标，这是众所周知的。如果某个人或整个人类已经到达了不存在任何困难的境地，那么未来的一切都可以预料，任何事都可以提前做好，这样的生活就会变得索然无味。未来不会出现任何出人意料的事，那我们还期待什么呢？事实上，正是生活的不确定性引起了我们人类的兴趣。如果我们对任何事都一清二楚了，我们想知道的事都已经知道，那么探索和发现还有存在的必要吗？科学也就走向了终点，我们的生活好像成了一段耳熟能详的故事。曾被我们追求的艺术和宗教，也将失去其原有的意义。不过还好，生活并非这么容易就被耗尽。人类在不断地奋斗，我们也总能发现和提出新的问题，并积极合作为社会做贡献。

然而，神经官能症患者在成长之初就遇到了阻碍。他只是从表面上去解决人生的各种难题，所以他所面临的困难更多。正常人会合理地解决某一个问题，然后再去面对另一个问题，转而找到新的办法。这样，他们就为社会做出了贡献。他们不甘心居于人后，不想成为他人的负担，也不需要别人的特殊照顾，他们会依照自己的人生态度和对社会的认知勇敢行事，独立解决问题。

对优越感的追求

人人都有的对优越感的追求，具有唯一性。它取决于个人划定的人生意义，这种意义并非只是表面文章，而是体现在了一个人的人生态度中，它就像一首自创的美妙曲子贯穿人的一生。但是，在他的人生态度中，他并没有将这种目标很直白地表现出来，它的表现形式很委婉，我们只能从它提供的线索中慢慢寻找。了解一个人的人生态度就像解读一位诗人的作品。诗人的文字不多，意义却异常深远，只有我们动用自己的直觉和研究才可以推敲出来。对于深奥、复杂的人生哲理，心理学家也需要像我们解读诗歌那样，从其字里行间中推敲，品读生活的意义。除此之外，别无他法。

在我们四五岁的时候，就已经懂得了人生的意义。这并不是通过数学精算出来的，而是在暗中摸索得到的。我们就像盲人摸象一般在整体中摸索，对事物的局部一点点地认识，然后做出相应的解读。我们对于优越感的追求同样是在暗中摸索而出的，它是我们的一种追求，是一种动力，不是地图上的某一个静止的点。没有人能够说出自己优越感的目标是什么，也许他有自己的职业目标，但那只是人生目标的一部分。即使有了确定的目标，通向目标的路途也各不相同。比如，一个人想成为医生，可是作为医生需要他具备很高的素养。他不但要有专业方面的知识，还要有和善仁慈的心。我们要看他对人的关心到了怎样的程度，还要看他要求自己帮助他人到什么程度。这一职业其实就是他对自己自卑感的一种补偿，并且我们还要从他的工作以及领域成就中，推测出他正在使自己这种特殊的感情得到弥补。

比如，很多医生在早期都耳闻或目睹过死亡的事例。而这种事情给他们最深刻的印象就是：人生是没有安全感的。也许他们的兄弟姐妹或者父母死去了，这就激发了他努力学医的决心，以找到一种与死亡相对抗的方法。有人说自己想当老师，但是老师的类型也是多种多样的。如果一个老师的素质修养很低，那么他就可以通过当老师的方法来让自己获得优越感。只有和那些比他弱小或者经验不足的人在一起，他才会有一种安全感。可是那些素质修养很高的老师则会平等地对待学生，为人类做出自己的贡献。在此我需要提醒一下，老师之间不仅有能力和兴趣的差异，他们的目标对他们的行为也有着很大的影响。如果他有明确的目标，个人潜能就会为了适应这个目标而被压缩或限制，但是整个目标却是不会变的，他要找到一种正确的方法表达人生的意义并获得最终的优越感。

所以，对于任何人来说，我们都不能只看表面现象。就像一个人可以轻易改变他的某一个目标一样，比如他可以随意调换工作，所以我们必须寻找其潜在的一致性，并寻求性格上的统一。人的性格不论以怎样的方式表现出来，都是固定不变的。就像我们拿到了一个不规则的三角形，当我们将它放在不同位置，或者以不同的角度去观察它时，就会觉得它有所变化，然而实际上，它始终是原来的那个三角形。个人的性格也与此相同。我们无法从行为举止的一个方面去判定其整体情况，但是从其全部表现中却可以看到。我们不可能说："如果某人获得了某一方面的成功，他就获得了人生的优越感。"争取优越感的过程并不是固定的，一个人身体越健康，精神就越正常，在某方面遇到困难时，就越能找到最佳办法。只有神经官能症患者才会只认定一个目标说："我就认定了这个，别的都不行。"

我们都不会对争取优越感中所发生的特殊情况急于评价，但是我们却发现，这些行为都有一个共同的目标——希望做人上之人。有时我们会在孩子的口中听到这样的话："我要成为上帝。"很多哲学家同样有这样的想法。老师也希望将孩子培养成上帝般的人物。在古老的宗教中，这种目标更是显而易见——教徒们必须以这种方法修炼，使自己成为超凡脱俗的圣人。而"圣人"的观念其实也隐含着上帝的意思。尼采在发疯后，曾写信给斯特林堡，署名为"被钉在十字架上的人"，由此可见，其思想中也有这种理念。

那些疯子常常很直白地将自己想成为神的愿望表达出来，他们会说"我是拿破仑"或"我是皇帝"。他们想成为众人瞩目的焦点，想成为众人膜拜的对象，想成为世界的主宰，他们希望自己拥有预测未来的超凡能力。

也许，这些人想通过一种温和、合理的方式将自己想成为世界主宰的思想表达出来。可是，不管我们是想让自己永生于世，还是想在人间反复轮回，或者想预知另一世界的情况，都是以成为上帝般的人物为基础的。在宗教思想中，上帝是永不灭亡的，他可以劫后重生。我们暂且不说这种说法的对错，这些都是对人生的解读，都是人生的意义。在某种程度上我们都有这样的认知——上帝是至高无上的，我们也希望自己像上帝一样。

一个人只要确定了自己所追求的目标，他的人生态度就会为此服务，所有的行动也会与这一目标相一致。个人的行为和习惯不管正确与否，也都会遵循这一目标。那些问题儿童、神经官能症患者、酗酒者、罪犯、性变态者的生活方式与他们所追求的目标也是一致的。所以，我们指出他们行动上的错误不会起到任何作用，因为他们的目标就是如此，行动也必然与其相适应。

有一个男孩，他是学校中最懒的学生。有一次，老师问他："为什么你的成绩总是那么差？"他却说："如果我是班里最懒的孩子，你就会把更多的精力放在我身上。你几乎很少注意那些上课安安静静、按时完成作业的好学生。"

他的目的就是吸引老师的目光，而这种做法偏偏达到了他想要的目的，所以他的毛病就不需要改正了，懒惰反而成就了他的愿望。从这一角度来说，他没有任何错误，如果他将自己的毛病改掉，反而成了一个十足的傻子。

还有一个这样的孩子，在家里他很老实，甚至略显愚钝、笨拙，在学校他成绩也不好。他有一个大他两岁的哥哥，人生态度则与他全然不同，既聪明又活泼，可是因为行为莽撞总是惹事。别人曾听到弟弟对哥哥说："我宁可笨一点，也不要像你那样鲁莽。"

如果我们认为弟弟的做法是在避免麻烦，那就会以为他的愚笨是智慧的表现。因为弟弟天生愚笨，所以别人不会对他有过高的要求，即使做错了事也不会有人训斥。从这一目的来看，他并不是真的笨，而是装出来的。

从古至今，治病的目的几乎都是消除病症。但是无论从医学还是教育学来讲，个体心理学都不赞成这种做法。如果一个孩子的数学成绩很差，我们只想通过这一问题来提高他的成绩是不起任何作用的。他也许正想为难老师，甚至想让学校将他开除。如果我们将他的这一错误纠正，他还会犯其他错误。

这类孩子和神经官能症患者有相似之处。如果一个人患有头疼的毛病，头疼也曾被他当作摆脱问题的办法，那么在遇到难题的时候他就会立刻头疼起来，这样就可避免很多人生问题。当他被迫接触陌生人或者做决定时，头疼会立马出现。同样，头疼对他向同事、妻子胡搅蛮缠，横行霸道也是有所帮助的。这么有效的方法，他怎么可能在我们的帮助下放弃呢？在他看来，头疼是一笔不可多得的财富，可以让他得到想要的一切。难怪当我们说头疼也可致命的时候，他的头就再也不疼了呢。这就如同那些害怕上战场的士兵在受到电击或看到军事演习时，病就消失了一样。药物也许可以缓解他的病症，也可以让他放弃利用这种病症达到自己的目的。可是如果他的目的不变，他还会利用其他的病症来达到目的。当头疼病痊愈后，也许失眠症和别的病症会随后而至，只要他的目的没有改变，他的病就会接连不断。

有的神经官能症患者会快速地甩掉一种病症，然后添上一种新病。这些人是神经官能症患者中的老手，他们会不断地给自己添加病症。如果我们拿心理治疗的书籍给他们看，无疑是让他们了解了更多他们还未曾体验的病症而已。所以，我们必须找到他选择这一病症的目的，以及这一目的和获取优越感的目的的一致性。

如果在教室中，我找来一个梯子，爬上了黑板顶端并坐了下来，那些人肯定会说："阿德勒博士疯了吧！"他们不知道我拿梯子的原因，也不明白我为什么要爬上去坐在那个很不舒服的地方。但是，如果他们知道其中的原因——"因为他有自卑感，所以才坐到了黑板上，只有他身材高大、能够俯视全班学生的时候才有安全感"就不再觉我的举动有多神经了。为了达到目的我找了一个很好的方法，如果别人明白了我的目的，自然就觉得我拿梯子、上梯子成了合情合理的事。

只有一点让我异常疯狂——对优越感的解读。除非有人告诉我，我的目标太荒谬了，否则我不会放弃自己的做法。如果我的目标没有改变，当别人拿走我的梯子时，我还会拿椅子继续爬上去；如果椅子也被拿走了，我还会看自己可以跳多高、爬多高，将脚跐到多高。那些神经官能症的人也一样，他们的行为没有错，也无需受到指责。所以，我建议改变他们的目标，只要他们的目标变了，他们的思维和态度才会真正改变。这时，以前的行为和思想也就不再与目标相适应，就会出现新的行为、思想。

　　接下来看一个中年女人的事例。她来到我这里，说自己内心焦虑，没有朋友。她无法养活自己，依然靠家里的接济生活。她曾做过秘书这样的小职员，但是那些老板常常讨好于她，占她的便宜，所以她为了避开麻烦只好辞职了。但是，在另一份工作中，老板倒对她没有什么兴趣，也从不对她动手动脚，可是她却认为这是对她的蔑视。在她接受心理治疗的八年中，我觉得，精神治疗对她并没有起到多大的作用，她仍不能很好地与人合作，也没有找到合适的工作。

　　我在见到她时，一直询问她童年的人生态度。如果不了解她的童年，我也不会了解她的现在。她是家中最小的孩子，长相很漂亮，在家中备受疼爱。那时她的家庭条件很好，几乎要什么给什么。听到这里，我禁不住问道："那你不就是像公主一样吗？"她说："的确像，奇怪的是，他们之前就叫我公主……"后来，我问到了她最初的记忆，她说："我记得在四岁的时候，有一天我出了家门，看到一些孩子在那儿做游戏。他们一边跳一边说'巫婆来了'，我被吓坏了，回到家中，问和我生活在一起的女佣'世上真的有巫婆吗',她说:'是的,有巫婆、小偷,还有强盗,他们都会跟着你。'"

从那以后,她就很害怕一个人独处,并将这种恐惧带到了全部的生活中。她说自己没有能力离开家,她的生活必须有家人的照顾。下面还有一段关于她早期的记忆:"我曾经有过一个男性钢琴老师。有一天,他想吻我,我立马停止了弹琴,并跑去告诉妈妈。从此,我就对钢琴没有任何兴趣了。"在此,我们可以看出,她在有意和男性保持距离。于是她身体的发育就和自我保护、排斥异性形成了一致。她认为谈恋爱是软弱的表现。

在此我想说,很多人在恋爱之后觉得自己变得很脆弱,其实从某种程度上来说,这是正常的。恋爱中的我们会变得很温柔,并且对对方的爱慕也会比较容易使我们受到伤害。只有一个人认为自己永远是强者、永远不坦白自己的感情时,才会避免对爱情的依赖。这样的人没有做好恋爱的准备,也不会去接受爱情。我们发现,这种人如果感到自己有坠入情网的危险,就会将这段爱情毁掉。他们会挖苦或讽刺让他们陷入爱情的人,并用这种方法摆脱自己的脆弱感。

这个女孩在触碰到爱情和婚姻时,就会变得很脆弱。所以,在工作中有男人占她便宜时,她就会心生恐惧,只想逃走。可是当她遇到这些事的时候,父母都不在身边了,"公主"般的待遇也消失了。可是她还想靠着亲戚来帮忙,这时,情况就不像以前那么顺利了。没多久,亲戚们就开始对她产生厌烦感,并且没有人再去关注她。她很生气地责备那些人,说:"让我一个人孤单地生活,你们知道有多危险吗?"这样,她才算没有落到无人搭理的地步。

我想,如果所有的亲戚都抛弃了她,她肯定会疯掉。她获得优越感的唯一办法就是强迫家人的供养，并帮她解决生活中的困难。她常常会有这样的想法："我不属于这个星球，而是另一个星球的人，我在那里是公主。这个星球的人不理解我，也不知道我有多重要。"如果再这样下去，她肯定会被精神病困扰。但是还有一点点资本，她还能得到亲戚们的救济，所以没有走到最后一步。

在此我还想再举一个例子，它会让大家更清楚地明白自卑心理和优越感的问题。我接待了一个 16 岁的女孩。她在六七岁的时候就开始偷窃，12 岁起就常常整夜不归，和男孩子们鬼混。在她两岁的时候，父母因关系不好离婚了。母亲把她带到了姥姥家，姥姥对她宠得不得了，这种情况是我们常见的。在她出生的时候，父母的关系已经僵到了极点，所以母亲根本没有关注过她。母亲不喜欢这个女儿，所以母女关系很差。

我见到这个女孩，很友好地和她交谈，她说："其实，我并不喜欢偷东西，也不喜欢和那些男孩子混在一起，我做这一切就是为了让妈妈看，我要让她知道她无法管束我。"

"那你这样做完全是出于报复了。"我问道。

她说："我想应该是这样。"

她一直想证明自己比母亲强大，可是既然她有了这一目的，就证明她实际上还是没有母亲强大。因为母亲对她并不喜欢，所以她有着一种自卑心理。她认为只有制造麻烦才可以证明自己的优越感。童年时期孩子的偷盗行为或者那些少年犯大都是出于报复的心理。

一个 15 岁的女孩在失踪了 8 天之后，被带到了法庭上。她在法庭上自己编造了一个故事，她说自己被一个男人绑架了。那人将她绑在房间里整整 8 天。没有一个人相信她说的话。医生在私下和她聊天，想让她说出实情。她很生气地问医生为什么不相信她，并且给了医生一记耳光。当我见到她时，问她对未来的打算，我说我只想关注她以后的幸福、只想给她提供帮助。我让她将自己做的一个梦告诉我，她笑了笑，最后给我讲了这样一个梦：我在一个酒吧里，当我打算从里面出来的时候，看见了妈妈。一会儿，爸爸也出现了，我让妈妈把我藏起来，不要他看到。

从中我们可以看出，她很害怕爸爸，并常常与他为敌。她以前常受到爸爸的责罚，所以为了不被惩罚，她就学会了说谎。当我们面对说谎的案例时，一定要看其背后是否有严厉的父母。除非说真话会带来危险，否则说谎是没有任何意义的。从另一方面，我们可以知道，女孩和母亲之间有着一定的合作关系。后来，她向我坦言，有人将她引诱到一个酒吧中，在那里待了 8 天。因为对父亲的惧怕，她不敢讲真话。但是她又想让父亲知道这件事，以显示自己的胜利。因为一直受父亲的压制，所以她想伤害他，让自己占上风。

对于这些在寻求优越感时走错了方向的人，我们应提供怎样的帮助呢？如果我们知道每个人都有对优越感的追求，就不难理解这一问题了。我们可以换一个角度，对他们表示同情。他们的错误只在于为自己定的目标毫无意义。

正是那种对优越感的追求激励着我们每个人，它是我们对社会做出贡献的源泉。人类的伟大进程都是循着这一路线——从下到上、从失败到成功、从缺失到充盈——前进的。但是，只有那种为了他人的利益而前进的人和那些为了社会的发展而奋斗的人，才是能够顺利应对生活难题的人。

如果我们按照这种正确的方法去引导他们，就会很容易说服他们。人类对价值和成功的判断，总是以合作为基础，这是我们人类最伟大的共同点。我们对行为、理想、目标和行动的要求，都是为了促进人类的合作事业。任何人都不可能没有一点社会情感。这一点连神经官能症患者和罪犯都一清二楚，他们同样知道为自己的罪行辩解，同样知道将责任推向他人。但是，他们已经没有了正常人的勇气。自卑的心理一直告诉他们："你无法与他人合作。"他们离开了人生的正确轨道，抛弃了现实的问题，并沉浸在一种虚幻的自我安慰之中。

人类的分工各不相同，行业中的目标也不尽相同。正如我们所见，每一个目标都存在着一定的错误，我们总能从其中找到一些漏洞。但是我们人类需要的是不同类型的人才。有的孩子可能对数学方面兴趣很大，有的孩子可能对美术更有天赋，有的孩子也许体力强于他人。对于一个消化系统有问题的孩子来说，可能更关注营养问题，他们会对食物有更大的兴趣，他认为这样做可以改善他的情况，最后他也许会成为厨师或营养师。在这些特殊目标中，我们发现：在对自身缺陷进行补偿的同时，也许还会使一些不能实现的目标实现了，也会到达那些难以达到的目标。比如，一位哲学家需要远离社会，安静地思考和写作。可是，如果他追求优越感中含有很大的社会责任感，他就不会犯很大的错误。

第四章　早期的记忆

个性塑造

因为人对优越感的追求是决定他整体性格的最关键因素，所以在他精神发育的每一个关键时刻都可以看到这种追求。了解了这一点，我们就会知道从两个重要的方面可以帮助我们对人生态度进行了解。首先，我们从任何一种行为入手进行研究，他的每一种表现都会把我们引入一个方向——奋斗的动机上。其次，我们的手中拥有了大量可供参考的资料，其中的每字每句都有助于我们的了解。我们每一次在仓促之下做出的决定或评价都会出现不少错误，但是这些错误却可以从他之后千万次的表现中纠正过来。所以，我们只有将一种表现放在整体中去了解，才能确定它的意义。但是，每一种表现都反映出同一种事实，每一种表现都将我们引向同一个答案。

我们就像那些考古学家一样，在陶瓷瓦片、断壁残垣、古老的工具、破损的墓碑和残缺的古书中寻找那已经消失的城市的印迹。然而我们研究的并不是已经逝去的东西，而是与我们息息相关的生活。这些遗留就像活生生的人，给我们讲述了过去那个异彩纷呈的世界。

　　要想了解一个人并不容易。在所有心理学中，也许个体心理学是最难学习和运用的。我们必须对人的整体性格进行了解，从始至终抱有怀疑的态度，直到问题最终破解。我们必须从细枝末节中寻找线索，比如一个人走入房间的方式，他打招呼、握手、微笑或者走路的姿态等。也许我们在某一方面会出现错误，但是却可以通过对其他方面的了解加以纠正。治疗实际上就是对合作的运用和检验。只有我们真正地关注他人，才可以使自己的工作做得完美。我们必须设身处地为他人着想。他们也需要积极配合，以便于我们的进一步了解。我们必须将他的态度和出现的问题放在一起进行研究。当我们已经了解他们的时候，并不证明我们就是对的，除非他也了解了自己。不通过任何检验的真理不是真正的真理，这只能说明我们对他还不够了解。

　　也许正是因为我们对此并不了解，心理学的其他学派才提出了"正转移和负转移"的概念，然而个体心理学却从不这样分类。纵容一个娇惯成性的病人，也许会很容易赢得他的好感，但是这样只会让他的控制欲更加强烈。只要对他稍有怠慢或忽视，他定会与你为敌。所以，此时他会停止治疗，即使继续接受治疗，其目的也是为了证明自己的正确性，并让他人失望。用纵容或者忽视的方法根本不能帮助他，唯一有效的方法就是让他将注意力放在别人身上。没有任何一种方法比这更真实、更客观的了。我们必须在帮他找到错误的时候与他展开合作，这对他自己或他人都是有利的。出于这一目的的考虑，我们千万不要让他"转移"，或者装出一副权威的样子，或者让他继续依赖他人，或者对他人不负责任。

在人的所有精神世界里，只有记忆可以透露出人的真情。记忆就像他的影子，时时提醒着自身的限制和环境的意义。记忆都不是偶然存在的——每个人都会从他的记忆中找出那些他认为有用的东西进行保存，不管其清晰与否。所以，这些记忆就成了他的"人生故事"。于是他开始用这些记忆告诫或提醒自己，使自己全身心地投入到自己的目标中，并且利用过去的经验，让自己以一种成熟的态度迎接未来。在日常活动中，我们可以很清楚地看到人们是怎样用记忆平衡情绪的。当一个人遇到困难变得沮丧时，就会想起以前的挫折。他在忧郁之时，他的记忆中也会都是悲伤。然而当他心情愉快时，记忆也定会大不一样。如果他想起了那些快乐的事，就决定了他乐观的态度。同样，当他遇到困难时，他就会唤起各种记忆帮他摆脱困难的心境。

所以，记忆和梦的作用是一样的。很多人在需要做决定的时候，会梦到自己曾通过的某次考试。他们将过去的考试看成一种试验，想再次造就一种成功时的心境。那些在人生态度范围之内的情绪变化的规律，同样适用于一般的情绪结构和情绪平衡。即使忧郁的人，想到那些快乐的事情或成功的时刻，也不会再那么忧郁。如果他常常说"我的一生都非常不幸"，那么他就只会回忆那种不幸的事件。

早期记忆的作用

人的记忆和生活方式绝不会背道而驰。如果一个人在追求自己人生目标时，想到的总是"别人总是侮辱我"，那么他的记忆中也总是那些被人侮辱的事。随着他人生态度的改变，他的记忆范围也将有所改变。他会记住不同的事情，或者对记忆中的事情有不同的解释。

早期的记忆是极为重要的。首先，他们显示出了形成人生态度的原因以及其最简单的表达方式。根据一个人早期的记忆我们可以判定：这个孩子是否曾受到家长的溺爱或忽视；他合作能力的培养达到了什么程度；他喜欢与什么的人合作；他遇到了怎样的难题以及他的解决办法。在一个先天弱视却极力想让自己看清东西的孩子身上，我们可以看到更多他对视觉的印象。在他的回忆中也许会是："我望望四周……"或者描绘了一些颜色和图案。一个身体有缺陷的孩子，则会对跑、跳、玩耍印象更深。一个人在儿时就记忆犹新的事情，肯定和他对事物的兴趣有关，如果我们知道了他的兴趣所在，也就可以知道他的人生态度和目标。正因为此，早期记忆在一个人的就业指导中起到了很大的作用。

此外，我们还可以看出这个孩子与父母、兄弟姐妹之间的关系。记忆的准确性并不是最重要的，其最大价值在于他们代表了个人的判断："在我还是一个孩子的时候，就是这样的人了。"或者"在很小的时候，我就知道世界是什么样子了。"

在所有的记忆中，他们讲故事的方式和最早的记忆是最具代表性的。早期的记忆能够说明一个人的人生观，这是其人生态度的雏形。它可以让我们看出他是以什么作为自身发展的出发点的。如果我们不知道一个人的早期性格，就无从了解其真正的性格。

有时当我们问及他们的早期记忆时，也许会被拒绝回答，或者说不知道哪件事在先了，这同样是对自身的一种揭示。我们可以判断，他们不想让我们了解他们的人生态度，或者不想与人合作。但是一般的人还是很愿意和我们分享他们的早期记忆的。很少有人能够理解早期记忆的意义，但是大部分人却能够从他们的早期记忆中说出自己生活的目的、自己与他人的关系，并能用一种中立的态度去评价周围的环境。早期的记忆中浓缩了很丰富的信息，值得我们深入探讨。我们可以要求一个班的学生写下他们早期的记忆，如果我们对他们的这些记忆做出解读，就为了解这些孩子提供了重要的资料。

　　为了便于理解，我将举几个早期记忆的例子进行说明。除了他们的早期记忆外，我对他们都一无所知，甚至他们的年龄范围我都不了解。我们在他们早期记忆中得到的意义本来是应该和他们的性格进行核对的，可是在此我们只是为了实践我们的技术，猜测出他们记忆中的其他意义。我们必须知道哪些事情是真实的，并对其记忆进行比较。尤其是我们能够从中知道一个人是否具有合作精神，勇敢还是胆怯，希望被关照还是具有独立精神，喜欢付出还是只懂得接受。

　　一、"因为我的妹妹……"我们必须注意在早期记忆中出现的那个人。由此我们看出此人的妹妹对他的影响很大。妹妹对他的成长造成了一层阴影。一般我们可以从他和妹妹之间看到一种敌对的竞争关系，而这种关系定会给他们的成长带来很多麻烦。如果一个孩子的心中存有了敌意，那么他对别人的兴趣就会比一般孩子差很多。可是，我们不要过早地下结论，也许他和妹妹之间的关系很好。

"因为我和妹妹是家里最小的两个孩子，所以一直等到她可以上学的时候，我才被送进了学校。"现在，我们可以明显感受到他们的敌意了：妹妹妨碍了我的生活，因为她小，我不得不等着她，她限制了我的成长。如果这是这段记忆的真正意义，我们就可以想到，这个孩子会认为："有人妨碍我、限制我就是我生活中最大的危险。"这个孩子很可能是一个女孩，如果是男孩，基本不会等到妹妹上学的年龄再进入学校。

"我们是在同一天进入学校的。"这样的做法对女孩的成长没有益处，因为这样会让她认为：因为我年龄大，所以就得等着后面的人。并且这样的想法还会被她运用到任何情况之下。她觉得正是因为妹妹，自己才受到了冷落，她还会将这种冷落归罪于某个人，这个人很可能是她的母亲。如果她因此更倾向于父亲，希望得到他的宠爱，就没有什么值得奇怪的了。

"我至今仍清楚地记得母亲在我们上学第一天的表现，她逢人便说她如何孤单。她说：'那天下午，我多次走出大门去看，想让女儿早点回来，好像她们永远都回不来了似的。'"这是她第一次提到自己的母亲，她眼中的母亲是那么不明智。"好像她们永远都回不来了似的"这句话将母爱淋漓尽致地表达了出来。这个女孩也可以感受到浓浓的母爱，可是其中又藏着焦虑和紧张。如果我和这个孩子交流，定会听到她说母亲是怎样地爱妹妹。可是这样的表现并不会让我们感到惊讶，因为家中最小的孩子总会得到更多的偏爱。从这一段记忆中，我们可以看出，姐姐因为和妹妹的对立，感到自己受到了限制。在之后的生活中，嫉妒和不敢竞争的性格也许会缠绕着她。我们不必惊讶于她不想和比自己年纪小的孩子相处。有的人一生中都感觉自己太老了，很多嫉妒心重的女人甚至觉得自己比不上那些年轻的女人。

二、"我最初的记忆就是爷爷的葬礼，那时我仅三岁。"这是一个女孩写下的。她对死亡的印象极深。这说明了什么呢？她认为死亡是最不安全的事情。从她童年的经历会衍生出这样的想法："爷爷也会死去。"也许爷爷对她过分宠爱。祖父母大多都对孙辈很是溺爱，因为他们对于教育孩子的责任少于他们的父母，他们希望时时刻刻在孩子身边，并以此表明他们依然能赢得别人的喜欢。我们如今的文化总是很难让老人感受到自身的价值，所以他们总爱用一些简单的方法肯定自己的价值，比如喜怒无常。从这一事例中，我们可以得出，这个女孩从小深受爷爷的疼爱，这种爱被她深深地印在了脑海中。所以，爷爷的去世对她的打击很大，一个亲密的伙伴就这样离开了。

"我清楚地记得他躺在棺材中的样子，脸色苍白，一动不动。"我不知道是不是应该让一个三岁的孩子去看死人，尤其是在她没有任何心理准备的情况下。我曾听很多孩子说，他们对死亡的印象极深，很难忘掉。这个女孩同样如此。这种孩子一般会极力摆脱对死亡的恐惧，想让自己当一名医生，因为他们觉得医生比其他人的素质更高，更能与死亡抗争。当问到医生的最初记忆时，其中总会含有对死亡的记忆。女孩亲眼见到——"躺在棺材里，脸色苍白"。由此可见，女孩也许视觉更强一些，她很喜欢观察周围的环境。

"后来我们来到了墓地，棺材被慢慢地放下，那些绳子从冷冰冰的棺材中拉了出来。"这一情景更印证了我之前的猜测，她的确是视觉型的女孩。"这段记忆让我心存恐惧，后来当我听到有朋友或者亲人去了另一个世界的时候，内心就非常害怕。"

我们再次看到了死亡给她留下的印象。如果有机会和她交流，我定会问她："你长大后想做什么？"她的回答可能是医生。如果她避而不答或者有别的答案，我则会加以暗示："你难道不想成为医生或者护士吗？"她提到"另一个世界"，其实是对内心恐惧的一种补偿。从这段记忆中，我们知道，她的爷爷很疼爱她，她是个视觉型的女孩，并且死亡在她的头脑中留下了很深的印象。她从生活中得出一个结论——我们早晚会死的。这句话确实很对，但是我们关注的事情并不仅限于此，还有很多需要我们注意的事。

三、"在我三岁的时候，父亲……"她最先提到了父亲，可见这个女孩对父亲的关注大于母亲。对父亲的兴趣常常发生在发育的第二阶段。孩子首先关注的人一定是自己的母亲，因为在孩子一两岁的时候，和母亲是亲密无间的。孩子希望母亲时时陪在身边，孩子的精神活动也是和母亲紧密相连的。如果孩子对父亲的关注多于母亲，这只能表明这位母亲并不合格，孩子对母亲也并不满意，其中也许是因为她有了弟弟或妹妹的缘故。如果她再提到一个比她小的孩子，我们的猜测就被证实了。

"父亲给我们买了一对矮种马。"

由此可见，这个家中不止一个孩子，我很想了解另一个孩子的情况。

"他牵着缰绳把马带了过来，我的姐姐，比我大三岁……"在此我要说之前的猜测是错误的，她家不是拥有比她小的孩子，而是比她大的姐姐。也许妈妈更宠姐姐，这就是这个女孩提到父亲和两匹小马的原因了。

"姐姐手持缰绳，威风凛凛地骑马上街。"

这是姐姐胜利的表现。

"我的马怎样都赶不上姐姐的马。"这是因为姐姐走在了前面。"我摔倒了，马带着我在前面跑。这本来是胜利的开始，却落得了如此惨败的下场。"

姐姐胜利了，她出尽了风头。我们可以肯定地说，女孩的意识是："如果我不小心，胜利的人永远是姐姐，我只会是失败者，落得一身狼狈。我求取安全的唯一办法就是胜过姐姐。"我明白了姐姐赢得妈妈的心的原因，也知道了妹妹倾向于父亲的原因。

"虽然后来我的骑术超过了姐姐，但是却弥补不了那次的伤痛。"

如今我们的猜测得到了证实。我们看到了两姐妹之间的竞争，妹妹认为："我总是落后者，所以我必须赶上去，超过他人。"

这种类型在我们之前已经说过，在次子和最小的孩子身上普遍存在这种现象。这样的孩子前面总有长于她的哥哥姐姐，所以她一直想超越他们。这个女孩的记忆使她的人生态度得到了强化，让她感觉："在我前面的人会对我造成威胁，我必须永远争先。"

四、"我最早的记忆是被姐姐带去参加各种宴会或社交活动。我出生时，姐姐已经18岁了。"这个女孩认识到了自己是社会的一部分。也许从这一段记忆中我们可以看出，她的合作能力比别人强很多。姐姐比她大18岁，由此可见姐姐是家里最宠爱她的人，对她就像对待自己的孩子一样。姐姐用了一种很好的方法开拓了她的兴趣。

"在我之前，家里的孩子们只有姐姐是女孩，另外四个都是男孩，所以姐姐很喜欢带着我到处炫耀。"我们应该知道，这种方式并不好，当一个孩子被当作'炫耀品'拿出去的时候，她会将目光放在吸引别人的注意力上，而不是为社会做贡献。"所以，在我很小的时候，就经常出入各种社交场合。在这些聚会中，我印象最深的就是姐姐常常让我说像'告诉他们你叫什么？'这类的话。"其实这种方法并没有什么好处，如果这个女孩因此患上口吃或出现语言障碍并不足为奇。孩子口吃的原因常常是因为别人对她的语言过于关注。她并不能自然轻松地与人交流，反而要过分关注自己，使别人更加了解自己。

"我还记得，当我说不出话来的时候，回家总会受到训斥，后来我就开始讨厌出去见人了。"看来之前我们对她下的定论并不正确。如今我们发现，在这个女孩早期记忆的背后隐藏着这样的含义："我被带出去与人交往，可是我并不喜欢这样。正因为有了这样的经历，我不再喜欢与人交往和合作。"所以，我们可以想到，她至今仍然不想与人交往，她和别人在一起的时候会觉得很尴尬、拘束。她在心里认为，与人在一起自己必须出头，可是她又感到这样很累，慢慢地，她与人在一起时，就变得难以接触了。

五、"小时候的一件事令我记忆很深。在我四岁那年，曾祖母来看我。"我们已经知道祖母对孙子是十分疼爱的，那么曾祖母对她的曾孙又是怎样的态度呢？"她来看我们的时候，我们全家在一起拍了一张全家福。"可见女孩对自己的家庭兴趣浓厚，因为她对家中的那张照片记忆犹新。由此我们可以说，女孩很依恋自己的家。如果我的猜测没错的话，她的兴趣也仅限于自己的家。

"我很清楚地记得，我们开车去了另一个镇。到照相馆之后，他们给我换上了一件白色的绣花裙。"这个女孩也许是视觉型的人。

"在拍全家福之前，他们先让我和弟弟拍了张合影。"我们看出这是一个恋家的女孩，弟弟是家庭中的一员，之后我们也许还会听到她和弟弟之间的事。"弟弟被放在我旁边椅子的扶手上，并在他手中放了一个红色的球。"

她再次想起了那个球，"可是我的手中，什么都没有。"

从这里我们应该明白女孩争取的是什么了，她告诉自己，她不如弟弟受宠。我们可以猜测，弟弟的降生将她在家中的地位抢走了，她对此难以接受。

"他们让我们笑。"

她意在告诉我们："他们让我们笑，可是我笑得出来吗？弟弟被摆在座位上，手中还拿着一个红色的球，而我的手中却什么都没有。"

"在接下来的全家福中，每个人都拍得很好看，只有我没有笑。"她要和家人作对，因为她感觉不公平。在她的早期记忆中，她没有忘记家人对她的态度。

"当他们让我们笑的时候，弟弟笑得很甜。他的确很可爱。至今我都很讨厌照相。"这样的记忆可以让我们很容易地感受到他们对于人生的态度。

当我们内心存有某种印象时，总爱用这种印象去解释所有的事情。很明显，在那次拍照片的时候她很不高兴，所以后来她不喜欢拍照片。我们常常发现，当一个人对某件事感到厌烦时，常常为他的行为找到各种理由，并利用他经历中的事情去证明。这段早期的记忆让我们了解了她两方面的性格：第一，她是视觉型的人；第二，她很恋家，这是极其重要的一点。她的早期记忆在家庭的小范围内，这表明她可能并不能很好地适应社会。

六、"我最初的记忆是，在我三岁左右的时候发生的一次意外。一个为我父母帮忙的女孩将我们带到了地窖中，让我们品尝苹果酒，我们都很喜欢喝。"

发现自家地窖中的苹果酒十分有趣，就像发现了新大陆一样。现在让我们做两种猜测：也许这个女孩在面对新环境的时候会有很积极的心态；也许她还会这样认为，当有胆大的人引诱我们的时候，我们会被他们带坏的。

以下的回忆也许能帮我们找到答案。"过了一会儿，我还想喝，所以我就自己动手了。"这个女孩胆子很大，她敢自己动手。

"不一会儿，我的腿开始发软，结果我将苹果酒桶打翻了，酒洒了一地，地窖中变得很湿滑。"在这里，我们看到了一个禁酒主义者的诞生。

"我不知道是否因为这件事让我不再喜欢苹果酒或者含酒精的饮料。"

这件小事成了影响她人生态度的成因。如果我们平静地分析这件事，似乎它并不会产生那么大的影响。但是，她却认为，正是这件事让她不再接触酒精类饮料。我们也许会发现她是一个可以从错误中吸取教训的人。她也许是个自立的人，在犯错之后懂得如何改正。这种品质也许会伴随她一生，就好像在说："当我犯了错误的时候，如果我知道自己确实错了，我会加以改正的。"如果事实确实如此，她的性格一定很好，积极向上，勇敢面对一切，一直追求自我完善，过着一种很有价值的生活。

在以上的事例中，我们只是在训练推测力。在我们确定自己的说法是否正确之前，一定要多了解这个人的性格特征。接下来让我们说明性格在人的所有表现中体现的相连性。

　　一个35岁的男人，曾因为患有神经焦虑症来找我医治。他只要离开了家就会感到焦虑，但是他不可能不出去工作。只要到了办公室，他就开始唉声叹气，一直到晚上和母亲坐在一起才好一些。当我问及他的早期记忆时，他曾说："我记得在四岁的时候，我坐在家里的窗户前，看着外面忙碌的人们。"他喜欢看别人工作，而自己只想在一边待着观望。要想帮助他，就要让他摆脱自己不能和别人一起工作的想法。他一直以为自己只有靠别人养活而生活。我们必须对他的这一观点加以改变。我们并不应该因此而责怪他，用药物治疗更是没有任何用处。当然，他的早期记忆告诉我们，我们需要为他寻找一些令他感兴趣的工作。他喜欢观察，可是他有些近视，正是因为这一缺陷，使得他对事物的关注力更强。一直到他参加工作的时候，头脑中想的仍然是观察，而不是工作。但是这两者并不矛盾。在他痊愈后，他开了一家画廊。他用自己的方式承担起了自己的责任，并为社会做出了贡献。

　　还有一位32岁的男人，他患了失语症，不能正常讲话，只能怯懦地出声，这种状况已经持续了两年时间。患这种病的原因是他不小心踩在了一块香蕉皮上，并撞上了出租车的玻璃。他接连吐了两天，并患上了头疼症。可以肯定，他得了脑震荡，可是他的喉咙并没有受到影响，所以这并不是他患有失语症的原因。他曾在八周的时间里完全不能说话。为此他打起了官司，可是这件事的确很难裁决。他认为这起事故的责任人应该是出租车司机，所以他向出租车司机索赔。我们可以想一下，如果他可以拿出伤残的证据，也许会有把握胜诉。我们不能说他是一个不老实的人，他没有大声讲话的必要。也许在事故之后他确实发现了自己讲话困难，可是现在他却不明白自己为什么讲不出话。

这个病人曾要求喉科专家帮忙，但是专家却找不到任何毛病。当我问到他早期的记忆时，他说："我记得自己躺在摇篮中，来回摇晃。可是后来摇篮的挂钩脱落了。摇篮掉了下来，我受了重伤。"

没有人愿意被摔，可是这个人好像把受伤看得过于重要了，他总认为这是极其危险的事。这成了他的注意力所在。

"当我摔下来的时候，门打开了，母亲跑了进来，她被吓坏了。"他用这件事吸引了母亲的注意力，但是同时也产生了对母亲的责备，他认为母亲没有尽到应尽的义务。所以，他认为出租车司机有错，同样，出租车公司也是有错的，他们没有很好地照顾他。由此可见这是一个被宠坏的孩子，他总是把责任推到别人的头上。

在另一段记忆中他讲述了类似的故事。"在我五岁的时候，从20英尺高的高处掉了下来，然后被一块很重的木板压住。那时几乎有五分钟的时间我说不出话来。"可见此人很容易丧失语言能力。他好像能很好地控制自己的失语能力，并总是把原因归结在摔倒上。我们虽然认为这并不是理由，但是他却这么认为。他可以很熟练地运用这一"技能"，只要跌倒，就会立刻失语。我们只有让他了解到自己的错误，让他明白失语和摔倒是几乎毫不关联的两件事，尤其是让他知道车祸之后没有必要两年多的时间都低声细语地说话，他的病才会痊愈。

然而，这些记忆好像揭示了他不能意识到自己错误的原因。

他继续说道："我母亲又跑了出去，她看起来很激动。"他两次摔伤的经历吓坏了妈妈，并让妈妈更关注他。他是一个想吸引众人目光的孩子。我们应该明白，他想让那些给他带来不幸的人付出代价。如果这些事搁在其他被宠坏的孩子身上，也会有这样的结果。但是，那些孩子却不会采取失语的手段。这是这位病人的一个特点，他的人生态度是由他的经历造成的。

一个26岁的男孩总感觉自己找不到合适的工作，于是找到了我。八年前，父亲帮他在经纪行业找了一份工作，可是因为没有兴趣，他辞职了。他还想找其他的工作，但是并没有找到。他还说自己失眠，甚至动过自杀的念头。当他放弃了当经纪人的工作后，在另一个镇上找到了一份工作，但是后来他收到了一封信，说他的母亲生病了，于是他又回到了自家住的镇上。

从这个故事中，我们可以想象母亲对他的溺爱程度，可是他却有一个严厉的父亲。也许我们会发现他一生都在和父亲对抗。当我们谈到家中的排行，他说自己是最小的孩子，且是家中唯一的男孩。他有两个姐姐，大姐总喜欢命令他，二姐也有同样的毛病。父亲每天对他唠叨个不停，他觉得除了母亲之外，全家人都在限制他。

他14岁才进入学校，后来父亲将他送去了一所农业学校，他毕业后就可以帮助父亲打理农场了。他在学校的表现很好，可是他却不想让自己当一名农场主。于是父亲给他找了一份经纪人的工作。奇怪的是，他一直干了八年，可是却一直在说自己想尽力为母亲多做事。

小时候的他很邋遢。他怕黑，也怕一个人待着。当我们听到某个孩子很邋遢的时候，自然就会想到那个要求他搞卫生的人。当我们听到某个孩子害怕黑暗，不想一个人待着的时候，自然就会想到那些安慰他、关心他的人。然而，这个年轻人背后的那个人就是他的母亲。他觉得交朋友很难，可是却能和陌生人很好地相处。他没有谈过恋爱，对爱情没有任何兴趣，也从来没想过结婚。他认为父母的婚姻并不幸福，由此我们可以知道他逃避婚姻的理由。

他父亲曾强迫他继续从事经纪人的工作，但是他却想去做广告。然而他很清楚，家人不会给他钱让他去做的。我们看到，他做任何事情的目的都与父亲的意思相悖。他在做经纪人的时候，虽然有了一些积蓄，可是并没有将这些钱投到自己喜欢的广告业中。他说自己想做广告只不过是故意与父亲为敌。

从他的早期记忆中，我们可以清楚地看到一个被溺爱的孩子对严厉的父亲的反抗。他记得在父亲的餐馆打工的情形。他喜欢洗盘子，喜欢将盘子从这张桌子上放到那张桌子上。他的做法激怒了父亲，所以父亲面对着所有顾客给了他一耳光。这一经历让他把自己的父亲看成了一生的敌人，并且一生都在和父亲为敌。如今他依然没有诚心工作的意思，只不过是想以此伤害父亲，这样他会感到更加满足。

我们也不难理解他自杀的想法。自杀是一种谴责。在想到自杀时，他就会将责任归于父亲身上。对工作的不满他同样会归咎于父亲。父亲的任何建议，他都不会接受。但是因为他是被溺爱的孩子，经济上无法做到自立。他不想真心投入工作，只想玩儿，可是却很想和母亲合作，所以他又想找一份不错的工作。但是他的失眠又是怎么显示出他对父亲的对抗呢？

如果一晚上无法入睡，第二天工作肯定没有精神。父亲希望他好好工作，可是他感觉很累，无法做到。他就会说："我不想工作，你强迫我也没用。"但是他会为母亲和家里的经济状况着想，所以也只是在口头上说说而已，可是这样就会给家人一种错觉：这个孩子没有希望了，家里也不会再供养他了。但是，他必须为自己找一个借口，所以，他得了一种令人头疼的病——失眠。

最初，他说自己是不做梦的，但是后来他想到了自己常做的一个梦。他梦到有人朝墙上扔球，然后球朝他弹了过来。这个梦似乎没有什么特别的。我们可以将梦和他的人生态度相联系吗？

我问他："后来怎样了呢？"他说："当球向我弹来的时候，我就醒了。"

现在，他失眠的整个框架已经被勾勒出来。他把这个梦当成了闹钟，将他从梦中叫醒。在他的意识中，所有的人都向前推他，驱使着他，强迫他做不喜欢做的事。他梦到有人朝墙上扔球，每到此时，他就会醒。结果，第二天，他就会累得无法工作。父亲正在焦急地等着他去干活，而他就开始用这种方式对抗父亲。如果他这样做只为了和父亲对抗，那么我们会觉得他很聪明，因为他竟能想到这样一种抗争武器。但是，无论对他自己还是对于别人，他的人生态度都是不对的，所以我们需要帮他纠正。

当我给他做了解释后，他就再没有做过这个梦，可是他却常常从半夜中醒来。他已经意识到了这个梦的目的，所以不再有勇气做这个梦，但是，他每天不能安静地睡觉，第二天仍然无法正常工作。我们该怎样帮助他呢？唯一的办法就是让他与父亲合作。如果他仍然将注意力放在击败自己的父亲上，那么谁都帮不了他。

最开始，我依然像往常一样顺应他的意思。我说："你父亲这样做的确不对。他不应该对你时时发号施令，这不是明智的做法。他也许有需要治疗的地方，但是你能怎样呢？你指望他去改变吗？如果天要下雨，你应该怎么做？你只有支起雨伞或者打车，我们和风雨对抗或者想打败它是毫无意义的。而现在的你就好比在和风雨抗争，只会无谓地浪费时间。你以为这可以表示你的强大吗？你可以战胜它们吗？事实恰恰相反，它只会更强烈地伤害到你。"我把他的所有问题都联系在了一起，他对工作的犹豫，自杀念头的产生，离家出走的行为，失眠的症状，这些都说明了一个问题，即他通过惩罚自己去惩罚他的父亲。

　　我还为他提出一条建议："如果在晚上睡觉的时候，你总是想自己随时会醒，就会把自己搞得很累，无法好好工作，你父亲定会很恼怒。"我想让他了解到事实，他将目光放在了惹怒父亲上。如果我们不让他停止这种行为，任何治疗都是没有意义的。我们都知道，他是一个被宠坏的孩子。

　　这种情况很像那种恋母情结的情况。这个年轻人只想伤害自己的父亲，但是对母亲却异常依赖。然而，此事例与性无关。他母亲很宠爱他，而父亲却极其冷淡。他受到了这种不良教育的影响，所以人生态度也变得扭曲。这和遗传也毫无关系。他的行为和原始人吃掉部落首领的行为不同。他的行为是被经历所逼迫的。这种行为可能发生在任何一个孩子身上，只要他有一个宠他的母亲、一个严厉的父亲，就如同这个年轻人的情况一样。如果一个孩子和父亲对抗，而自己又无法独立解决问题，我们就可以很容易地理解，他采用那种方式情有可原。

第五章 梦

梦的解析

　　虽然之前人们对梦的理解没有科学依据，但是却有可借鉴之处，至少能表现出人们对梦的看法和态度。梦是大脑创造性活动的一部分，当我们发现对梦有什么期待时，也就能看出梦的目的。在我们刚刚启动对梦的研究之时，就已经发现，人们总是认为梦会跟未来有着某种不可分割的联系。人们一直以为在自己遇到困难的时候，会有神明、仙人或者逝去的先辈在梦中帮助他们。

　　古代与梦有关的书中，对梦的解释多种多样，可是他们一直认为梦和人们的未来有着某种特殊的联系。原始人同样认为梦是对未来的某种预测。古希腊或古埃及人常常到寺院中去求梦，希望神明在梦中给他们的未来以指点和帮助。这种梦被他们看作治病驱邪的良方。美洲的印第安人为了让梦指导他们的未来，常常利用斋戒、沐浴、涤罪等方法把自己的梦引出来。在《旧约》中同样记载着梦可以预示在未来所发生的事情。如今，仍有人会认为梦中的事情会在现实中发生。他们坚信梦中的自己是预言家，梦可以带他们走进未来的世界，并预料到将要发生的事情。

从科学角度而言，这些方面实在可笑。从我对梦开始研究的那一刻就知道，人们在梦中的预测能力远远比不上人在清醒时候的预测力。梦中的思想不会比醒着的时候更敏锐、清楚，只能更加混乱和难以理解。然而，传统的观点也有正确的地方，如果我们对梦有了了解之后，就会发现其玄机所在——梦在一定程度上真的会为我们找到要走的路。

我们知道，人们常常把梦看成是克服困难的一种方法，那么也就是说，人是为了寻找未来的发展方向才做梦的。但是这并不是说梦有着未卜先知的功能。我们还得自己去想用怎样的方法可以解决问题，这种方法从哪里得来。显然，梦中的任何方法都不如我们在深思熟虑之后得出的方法适用。所以，人们希望在梦中找到解决问题的方法也是情有可原的。

弗洛伊德对梦的观点

在弗洛伊德心理学派看来，梦是有科学性的，但是弗洛伊德在解释这些观点的时候却将梦脱离了科学的范畴。比如，他在研究梦的时候将人脑白天和晚上的活动差异作为前提，把"有意识"和"无意识"看成相对立的两面，梦所遵循的规律则与白天的思维规律截然不同。这些观点无论从哪个角度来说都是没有科学依据的。

原始人和古代哲学家在处理思想概念问题时，总是习惯于把它们放在两个极端进行研究，认为它们是完全对立的。在神经官能症人群中，这种简单对立或二元思维最为明显。这些人普遍认为左右、男女、冷热、轻重、强弱是相互矛盾的。但是从科学的角度讲，它们是可以相互转化的，并非对立的。它们就像尺子上的刻度，只是按照相对的位置进行排列。好与坏、正常与不正常当然也不是对立的。那么，把清醒和睡眠、白天的思维和梦中的思维完全对立，当然也就不正确了。

弗洛伊德的另一观点认为，应该将梦放在性的背景下进行研究。这一观点同样把人们的正常活动与梦境相分离。我们可以假设这种观点正确，那么梦自然就不是整个性格的表达了，而只是其中的一部分。弗洛伊德学派的人也认为这种观点欠妥当，但是弗洛伊德自己则认为在梦中还会有一种寻死的愿望。也许这种观点有其正确性。然而之前我们提到，梦的目的之一是找到解决问题的方法，这也表明了对个人能力的不自信。据此来说，弗洛伊德的观点过于隐晦，他无法让我们探寻人的整体性格是如何通过梦境反映出来的，并且梦好像是完全脱离的现实的生活。不过，在弗洛伊德的观点中也有一些值得借鉴的东西。比如，梦的内容并不是最重要的，重要的是它身后潜藏的思想，这一点对我们很有用处。在个体心理学中，我们也有类似的观点。弗洛伊德忽视了科学心理学的前提——认识性格的关联性以及个体的思想、言行的一致性。

在弗洛伊德对梦境解析的几大问题中我们可以看出这一遗漏。"我们为什么会做梦？做梦的目的又是什么？"弗洛伊德学派说："是为了满足没有实现的愿望。"然而这一回答并不是通用的。比如，我们没有做梦，我们的梦被忘掉了，我们做了一个无法解释的梦，那么这些情况下又怎样去满足自己呢？梦会发生在任何人身上，但是却没有人可以理解。那么我们做的梦又会给我们提供什么乐趣呢？如果将梦中的生活与日常生活分开，梦也仅会在梦中满足我们的愿望，我们也许就会明白做梦的意义了。可是，如果这种观点正确，就无法将梦和人的性格相联系了；梦对于醒着的人来说，也就没有任何意义了。

从科学角度来讲，人在做梦的时候和在清醒的时候是同一个人，并且做梦的目的也是和此人的性格相一致的。但是，只有一类人，我们无法将他在梦中想实现的愿望和他现实的性格相联系，那就是被惯坏的孩子。他们会常常问："我怎样做才能让愿望得到满足？我可以从生活中得到什么？"这种人会在梦里寻找想要的东西。如果我们仔细研究弗洛伊德的观点就会发现，他所讲的只是被惯坏的孩子的心理，他们认为自己的本性不容置疑，认为其他人都没有存在的必要，他们也常这样问："我为什么要爱周围的人？难道他们爱我吗？"

心理学分析学派对被惯坏的孩子进行了细致的研究。但是他们对满足感的追求只是所有追求的千万分之一，这并不是他们全部性格的表现。如果我们真正了解了梦的目的，也就知道令人费解的梦和被遗忘的梦的目的了。

个体心理学对梦的研究

在 25 年前，我刚刚开始研究梦的含义时，它成了最令我头疼的问题。我认为，梦中的生活和清醒时的生活是一致的，如果白天我为了达到某种目标而努力钻研，那么晚上的梦境中我同样在思索着这些问题。人们在梦中时的目标和在现实中的目标是一样的,就像他们做梦的时候也必须为了这个目标不断奋斗一样。所以，梦是人生态度的表现，并与之息息相关。

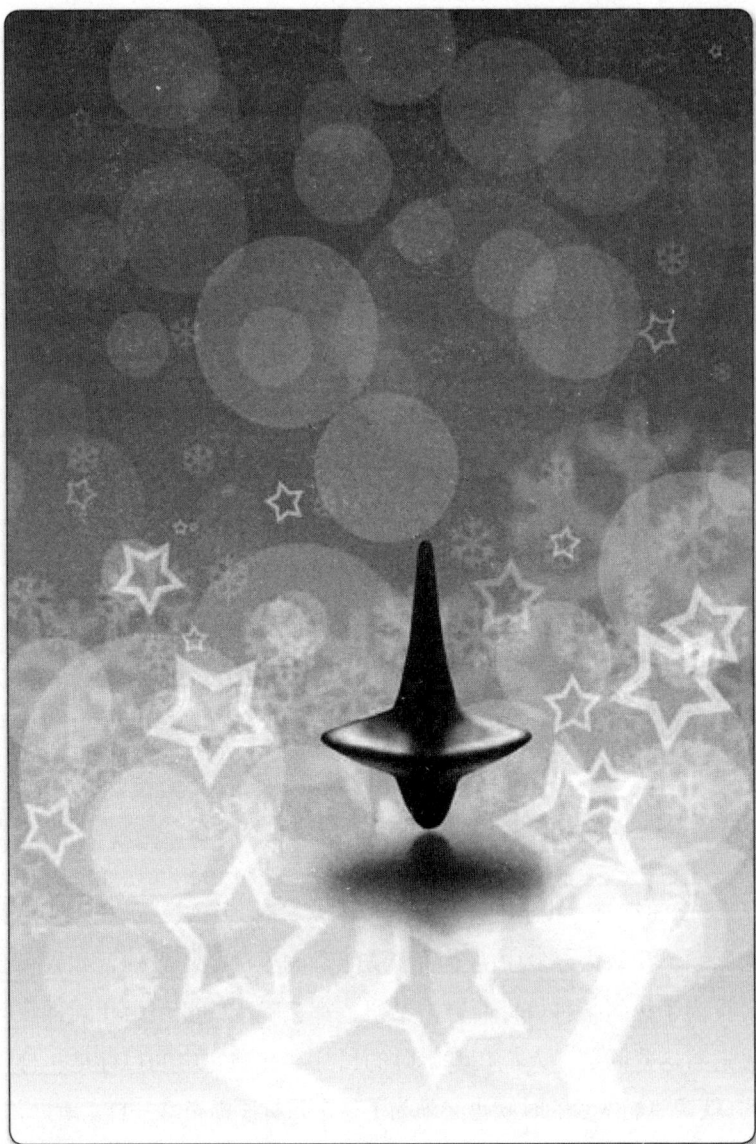

强化人生态度

有一种事实可以帮我们了解做梦的目的。有时我们早晨醒来会将梦中的情形全忘掉，好像没有了任何印象。事实的确如此吗？一点印象都没有了吗？其实不然，在梦中的某种情感被我们保留了下来。梦中的内容已经忘却，但是却有着对梦的情感和对梦的不解。梦的目的也必定留在了留下的情感之中。梦只是引发这种情感的一种方法，而留下这种感觉则是梦的目的。

一个人的情感和他的人生态度必定一致。梦中的思想和清醒时的思想并没有绝对的差异，它们之间没有严格的界限。如果将它们之间的差别做一下概括，即梦中的思想与现实的距离较远，但是它并不是脱离现实的。如果白天我们被某种事情烦扰，那么梦中同样会被这种事情烦扰。其实，在梦中我们不让自己从床上掉下来，也说明这和现实是相连的。为人父母者在喧闹的大街上也可以睡着，但是孩子一个轻微的动作就会将他们惊醒。这就说明即使在梦中，我们与外界的联系还是存在的。但是，虽然感官还有知觉，却已经被弱化了，所以和现实的联系也自然就减少了。在做梦的时候我们都是独处的，生活中的压力也不再沉重，周围的环境也已经被我们有所忽视。

只有我们真正放松，有了解决问题的办法之后，才会在梦中轻松下来。梦是对平静睡眠的一种干扰。所以，我们可以这样说：在我们没有将事情处理妥当之前，在我们还存在重大压力之时，在现实还存在种种问题之时，我们才会做梦。

现在该轮到我们研究另一个问题了：在我们睡觉的时候大脑是怎样面对问题的。因为我们不是对整个情境进行研究，所以这些问题也就比较简单，其解决的方法也不会对我们有很大的要求。做梦就是为了支持我们生活的方式，并让这种方式和我们的情感相适应。那么为什么我们的生活方式需要得到支持？它会受到怎样的威胁？能够攻击它的，只有现实和常识。所以，做梦的目的就是保护我们的生活方式不受常理的攻击。这就会引出我们一个有趣的想法，如果一个人在面临问题时不想用常理去解决，那么梦就会激发出他的某种情感去坚定他的态度。

这样看来，似乎这种行为和我们清醒时的生活是矛盾的，但其实并不矛盾。我们在睡觉时的情感和清醒时的情感仍是一致的。如果在遇到困难的时候，某人不想按照常理办事，那么他就会找到各种理由为自己违背常理的做法辩解，来证明自己选择的正确性。比如，一个人想一夜暴富，又不想付出劳动和为社会做贡献，他的脑海中就会显现赌博的念头。他也明白很多人都因赌博输得精光，可是他想活得洒脱自在，想快速致富。那会怎么做呢？他开始为自己设想未来的"宏伟蓝图"——有汽车，有巨款，成为名震四海的富人。在这些幻想的激励下，他不断增长自己的这种思想。最终，他仍然违背常理，走上了犯罪的道路。

类似的事情也会发生在我们的日常生活中。在我们工作的时候，如果有人告诉我们有一部戏剧很好看，我们就想立马放下手中的工作去观看演出。处在热恋中的男女也会想象自己的未来生活。如果他确实对感情倾情投入，那么他所设想的必定是美满幸福的婚姻。如果他对对方兴趣不大，那么他的未来将没有色彩。不管怎样，他的感情会不断地得到激发，通过这种感情我们可以判定他属于哪种类型的人。

如果梦醒之后，我们除了感觉，什么都没有留下，那么对常理又有什么影响呢？梦是常理的敌人。如果我们多加注意就会发现，那些不受感情蒙蔽、只按照科学办事的人，很少做梦或者几乎不做梦。另一些人则不想按照常规去解决问题。遵循常规做事是合作的一个方面，没有经过正规训练的人是不想按常规办事的。这样的人几乎不做梦，他们想让自己的人生态度强于他人，想逃避现实生活中的挑战。所以，我们可以这样说：梦想在人生态度和现实之间建立一种联系，这样在面对人生态度时就可以不用做出调整了。人生的态度是梦的制造者，它可以激起人的某种情感。我们发现，一个人的性格和日常行为同样会出现在梦中。不管是否做梦，我们处理问题的方法总是不变的，但是梦却为我们的人生态度提供了支持和维护。

如果这种观点是正确的，那么我们在对梦的解读中就有了新的发现：人在梦中会欺骗自己。每一个梦都是人们的自我陶醉、自我催眠，其目的就是引发一种我们已经做好准备去面对某一种情形的感情。在梦中，我们的性格与平时并无二致，但是我们需要将这一性格加工成白天需要使用的感情。如果我们的想法是对的，我们甚至可以在梦的整体构成和梦中所运用的手段找到自我欺骗的成分。

我们发现了什么？我们发现了在前面已经提到过的某种选择，如对画面、事件和各类事故等。当人回忆往事时，会对其中的一些画面和事件进行选择。人的选择是具有倾向性的，为了实现自己的目标，我们总是选择那种有利于我们人生态度的画面和场景。同样，在梦中，我们也只会选择那些与我们的人生态度一致的事情，并且在梦中我们会被告知，在遇到困难时，我们的人生态度会对我们有怎样的要求。所以，这种选择表明了人生态度和当前困难的联系。在梦中，人生态度总是我行我素的。在现实中遇到困难，需要我们运用常理时，人生态度仍然特立独行。

象征和隐喻

梦的素材是从哪里汲取的？不管是历史久远的古代，还是今天弗洛伊德的观点，都表明梦是由隐喻和象征构成的。正如一位心理学家所说："在梦里，我们都是诗人。"但是，为什么梦不用简单的话语表达，非要用隐喻和诗一般的语言呢？其实很简单，如果不这样，我们就无法摆脱常理的束缚。隐喻和象征有时是可笑的，它们会将两种意义不同的事物相联系，它们可以同时表达两种观点，但其中一个也许十分荒诞。隐喻和象征的结果可能是不合逻辑的，它们在日常生活中常常遇到，并能激发某种感情。如果我们想帮助某人改正错误，也许会说："不要像孩子一样。"也许会说："为什么要哭？难道你是女人吗？"当我们使用隐喻时，为了表达自己的感情，常常将两种毫不相关的东西联系在一起。也许一个身材高大的男人训斥一个矮小的人时会这样说："你就像一条虫子，只配被别人踩在脚下。"他运用这种隐喻，正是为了表达自己的愤怒之情。

隐喻是一种很美妙的表达方式，我们可能会利用它自欺欺人。当初荷马就用了一种过于夸张的手法来形容希腊军队像雄狮一样横扫战场时的情景。你认为他真的想详细描写那些满身污垢的士兵们吗？不是的，他想让士兵们像雄狮一样勇猛。我们知道他们不是雄狮，但是如果诗人据实描写，说他们气喘吁吁、汗流浃背的样子，说他们克服恐惧和躲避灾难的情形，说他们破旧的盔甲，细数他们战争中的细节，会给我们留下如此深刻的印象吗？隐喻是抒发美好、想象力和幻想的。但是必须注意：如果将隐喻和象征放在人生态度有误的人身上将十分危险。

一次考试对一个学生而言是再寻常不过的事了，他只需像平时一样勇敢面对就行了。但是，如果他时时存有逃避的思想，他就可能梦到自己上战场。他将如此简单的事情用很隐喻的方式表达出来，就为他的逃避提供了足够的理由。或许他还会梦到自己站在悬崖边上，必须脱离那里，否则就有可能掉下去。他必须制造一种情感来逃避考试，所以他说考试就像悬崖一样可怕，以此来欺骗自己。同时，我们还会发现梦中常用的另一种方法：当遇到问题时，先将它精简压缩，直到剩下整个问题的一部分，然后再以隐喻的形式将其余的部分表达出来，并当作原来的问题来处理。

比如，一个对学习很有把握并有远见的学生，想完成学业或通过考试。他的人生态度同样需要获得支持并找到自信。所以，在考试前夕，它会梦到自己站在山顶上。他所处的场景被删去很多，只显现了人生中的一小部分。对他来说，考试虽然是一件大事，但是他却只专注于成功的部分，不去顾虑考试的其他方面，他激发出的感情会为自己加油助威。第二天起床之后，他会觉得心情舒畅、头脑清醒、信心十足。他将存在的困难缩小了。虽然他有了足够的信心，但其实他是在自欺欺人。他并未按照常理去办事，只是激发了自己的某种情感。

特意去激发自己情感的行为是很正常的。当人想越过一条小河时，总会先数一二三。难道数数真的很重要吗？越过小河与数数有联系吗？其实没有任何关系。但是数数却可以激发他的某种情感，并让他的力量全部聚集起来。在我们的头脑中已经有了某种人生态度，但是要想使它得到强化，方法之一就是聚集自己的力量、激发自身的情感。我们每天都在为此努力着，但是也许梦中的它会表现得更加清晰。

下面让我们通过一个梦来解释一下我们是如何欺骗自己的。在一战期间，我在一所专门治疗战场恐惧症的医院做院长。当遇到那些无法适应战场生活的士兵时，我会找一些轻松的工作来帮助他们。这对于减轻他们的压力十分管用。那天我接待了一名士兵，他是我在这里见过的最强壮的人。我给他做检查时，他显得很失落，我不知道该如何给他提供帮助。我当然想将所有患病的士兵送回家，但是这必须经过上司的批准，并且我也不可能照顾到所有的战场。对于这个士兵的病症我有些难以确定，但是我还是告诉他："你患了战场恐惧症，但是你却很健康，很强壮。我可以让你做一些简单的工作，这样你就不用上战场了。"

这个士兵得知自己不能回家后，心中充满失望，他说："我只是一个穷教师，仅靠教书得来的钱养活我的父母。如今我不能再教书了，他们就不能生活了。如果我无法帮他们，他们就会死的。"

我想让他回家，找一份室内的工作，可是我又有些害怕，如果我提出这样的建议，肯定会受到上司的批评，他们反而会让他去上前线。最后我决定尽己所能，出具了一份他只适合做警卫工作的证明。那天晚上，我就做了一个非常恐怖的梦。梦中的我成了一名杀人凶手，疯狂奔跑在黑暗狭长的街道上，我极力回想自己杀了谁，可是无论如何都想不起来，但感觉告诉我："我的确杀了人，我的这辈子会因此完蛋的。我的生命将要完结，一切都结束了。"

醒来后，我首先想到的就是"我杀了谁"，然后我猛然想起："我如果不能给这个年轻的士兵一个室内的工作，他很可能被送去前线，那样我就很可能成为杀人凶手。"大家应该明白了，我是如何激发自己的情感欺骗自己的。事实上，我没有杀任何人，即使我想到的最坏结果发生了，那也不是我的原因，但是我的人生态度阻止我去这么做。我是一名治病救人的医生，而不是杀人的凶手。我告诉自己，如果我提出应该让他做一份办公室的工作，那么他很可能被上司送往前线，这样反而更糟。我唯一能帮他做的就是为他提供一份证明，说他只适合警卫工作，这是既合乎常理又不违背我人生态度的做法。

在后来的事情中我证实了，按常理办事是最佳办法。我的上司在看到我提供的证明后，却将它扔在了一旁。我当时还在想："上司要将他送往前线去的话，不如我当时写上让他去办公室工作。"可是随后上司却在上边批下"军事机关工作，6个月"。后来，我才知道，原来军官在处理这名士兵的事情上收受了贿赂，所以才从轻处置的。这名年轻的士兵从未教过什么书，他对我讲的全都是谎话。他这样说只是想找一份轻松的工作，这样那位收受贿赂的军官就可以审批我的建议了。从那时起，我想，还是不做梦为好。

正因为我们很难理解梦的含义，所以经常被它愚弄。如果我们理解了梦的含义，就不会有什么另类的情感了，也就不会受梦境的欺骗了。我们还是应该将梦搁置一旁，按照常理办事。如果我们都可以解释梦中的情景，那么它们的目的就无法实现了。

梦是一座桥梁，它联系着现实的生活和我们对人生的态度，人生态度本就应该直接与现实衔接，并不需要我们的强化。梦的形式多种多样，并且每一种梦境都可以揭示出我们在面对某种情景时需要强化人生态度的哪一方面。所以，对梦的分析只能针对特定的一个人。我们不可能像套用公式一样对梦中的情景进行解读。如果要我说出到底梦境有几种典型的类型，我实在无法给出答案，我能做的只是让大家大概了解一下梦的意义。

梦境分析

很多人会做飞翔的梦，其实这和其他的梦一样，同样是为了激起人的某种感情。它们留下了一种轻松愉快的情绪，并将这种情绪带向高处。它们把克服困难和追求优越感看作是很简单的事。它们让我们把自己想象成一个勇敢无畏、高瞻远瞩、志向远大的人，即使在睡梦中我们也不会忘记自己的志向。这样的梦暗示着一个问题："我应该继续向前还是止步？"答案则是："我的前途一帆风顺。"

我们还应该注意另一种梦境：跌倒。这说明在人的头脑中，对自我保护的恐惧远远大于克服困难的忧虑，如果我们平时常常告诫孩子保持警惕，就很容易理解这种梦境了。人们常常对自己的孩子说："不要爬椅子，不要动剪刀，离火远点。"孩子常常被这种虚幻的危险包围。但是，如果一个人被家长锻炼得胆小如鼠，是不能应对真正的危险的。

当我们梦到自己不能动弹或者赶不上火车时，其内在意义是："如果我不用费力气就可以解决这个问题，该有多好呀！所以我一定要绕道行走，我要故意迟到，故意让火车开走，免得再遇到这类问题。"

考试也是我们常常梦到的事情之一，我们也许会很惊讶，自己这么大了还会参加考试，或者自己还会梦到已经通过的考试。

其实，这是在暗示我们："你还没有准备好应对眼前的问题。"但对于其他人来说，也许会是这样："以前也许你通过了，但是你必须接受眼前的考验。"一件事情在不同的人身上象征意义是不同的。我们对于梦的考虑是其留给我们情感，以及它与我们人生态度的关系。

我曾治疗过一个 32 岁的神经官能症患者。她是家中的老二，就和其他排行老二的人一样，她同样怀有雄心壮志。她事事想争第一，想使任何问题得到完美的解决。她来找我时，精神几近崩溃。她爱上了一个比她大的已婚男人，这个男人在事业上失败了。她想过嫁给他，可是他却没法离婚。后来，她做了这样的梦：她在乡下的时候将现在的公寓租给了一个男人，这人搬进来不长时间就结婚了。但是这人却付不起房租，他不诚实还很懒惰，所以，她将那个男人赶走了。我们可以很快看到，这个梦和她的现实有着很大的联系。她在犹豫自己要不要嫁给这个事业受挫的男人。这个男人很穷，无法养活她。有一次，他们出去吃饭，却没钱付账。这就更容易让她和梦中的那个男人相比。这个梦引发了她不能结婚的情感。她是一个有远大志向的女人，她不想一生跟随一个贫穷的男人。她用了假设的方法问自己："如果他是租住我房子的人，当没有钱付房租时，我该怎么办？"我定会说："你必须滚出去。"

当然，这个男人不是她的房客，这样的假设并不成立。养不起家的男人和付不起房租的房客是两码事。她为了解决自己的问题，为了顺应自己人生态度的发展，得出一个结论："我是绝对不能嫁给他的。"所以，他不按常理去思考，只关注了事情的表面。他同时将爱情和婚姻压缩在这样一件事上："一个男人在租住我的公寓而付不起房租的时候，他就必须滚蛋。"好像这个假设就足以说明所有的问题。

因为个体心理学的治疗方法一直致力于提升个人应对生活的勇气上，所以在治疗过程中，梦境会发生变化，会慢慢朝积极的方向发展。一个因为忧郁症住院的患者在即将出院时做了这样的一个梦："我一个人坐在长凳上，暴风雨突然降临。幸运的是，我没有被它袭击，我很快跑进了丈夫的房间。后来，我在报纸的招聘栏中帮他找了一份合适的工作。"这个病人也理解梦的含义。这表明她和丈夫和好如初了。最初，她抱怨丈夫无能、事业无成，连养家都困难。而从梦中我们可以看出，她懂得了："和丈夫在一起总比独自面对困难好得多。"虽然她的结论是正确的，但是她向丈夫妥协的做法仍然隐含着一种怨恨。她过于强调自己的危险，并且还没有做好与人合作的准备。

我还接待过一个十岁的小男孩。老师说他是一个卑鄙的孩子，总是心怀不轨，同学们都不敢惹他。他在学校中将偷得的东西放在别人的课桌里，让别人受到惩罚。这种现象只有在别人低估他的能力时才会发生。如果他的想法的确如此，我们便可以估测，他受到了家庭环境的熏陶，有人向他灌输了这种不良思想。这个十岁的孩子曾因为向一位孕妇扔石头引起了麻烦。也许在他这个年龄，已经明白怀孕是怎么回事。我想他应该是讨厌怀孕的，我们还要看他是否有弟弟妹妹，或许他们的到来让他感到不舒服。在老师口中，他是"害群之马"，他常常扰乱别的孩子，给他们起外号，在背后说别人的坏话。他还会欺负小女孩，我想他很可能有一个并不被他喜欢的妹妹。

后来我们弄明白了，他是家中的长子，还有一个四岁的妹妹。从他母亲口中得知，他对妹妹很好。这一点出乎我们的意料——这样的一个孩子怎么可能爱他的妹妹。我们的怀疑是否正确还有待考察。他的母亲还说，她和丈夫的关系非常融洽。对于这个孩子而言，的确令人遗憾。对他所犯的错，他的父母显然没有任何责任，他邪恶的原因也许源于他自己的恶劣本性、宿命或是某个遥远的祖先！

我们常常遇到这样的例子：幸福的婚姻，优秀的父母，令人厌烦的孩子。这种悲哀的事例常常被教师、心理学家、律师、法官所见证。实际上，这种看似美满的婚姻常常给孩子带来很严重的错误，如果他看到母亲对父亲备加关注，就会心生怨恨。他想让母亲将爱全部归于他身上，并且不想让母亲对其他任何人表现出关心。美满的婚姻对孩子的成长不利，那么不幸的婚姻会更为不利，我们应该怎么解决这种问题呢？我们需要在开始的时候就培养孩子的合作精神，不要让他只关注一个人。这其实也是一种被宠坏的孩子，他们想夺取母亲所有的爱，一旦母亲无法做到，他就会故意制造麻烦。

我们的这些猜测得到了证实。母亲从没有对孩子打骂过，这样的事一般都是由父亲来做。她也许认为自己过于软弱，只有男人才可以发号施令、实行惩罚。她也许想让孩子对她好，害怕失去他。可是这样的做法不管从哪方面讲，都是在转移孩子对父亲的兴趣，这样也会让他们之间合作的机会消失，结果可想而知，他们之间的摩擦越来越多。我们还听说，这个父亲是个爱家的好男人，可是就是因为男孩的原因，孩子开始害怕回家。他对孩子很严厉，经常打孩子。可是有人却说，男孩儿并不恨他的父亲。这几乎是不可能的事——这个孩子又不是傻子，他只是将自己的真实想法隐藏了起来而已。

他虽然很喜爱妹妹，却又经常踢打她，两个人根本不能和睦相处。晚上，妹妹睡在父母房间的儿童床上，他则只能睡在餐厅的沙发床上。我们可以从男孩的角度去想，如果我们和他有着同样的心情，那么父母房间的婴儿床肯定会引起他的不满。我们站在男孩的角度去思考、理解、感受。他也想被妈妈关注，可是晚上妹妹却比他更亲近母亲。他必须赢得母亲的关心。此时，男孩的身体很棒，他是顺产，吃了七个月的母乳。因为他的胃不太好，所以当他突然改用奶瓶时，他吐奶了，一直到三岁。虽然现在他营养充足，身体很强壮，然而胃仍然不太好，他以为这是他的一个弱势。现在我们应该明白他向孕妇扔石头的原因了。他很挑食，当家里的饭菜不合他的胃口时，父母就会给他钱让他去买自己喜欢吃的东西。可是，他却向别人诉说，父母常常饿着他。他对于说谎已经习以为常了，他就是想用诋毁别人的方法取得自己的优越感。

如今我们就可以解释他到我们诊所所讲的梦了。他说："我是西部的一个牛仔，他们将我送到了墨西哥，我必须杀开一条血路回到美国。有一个墨西哥人想挡住我，我就在他的肚子上使劲儿踢了一脚。"这个梦其实表达了这样的事情：我被敌人包围了，我必须全力拼搏。在美国，牛仔是英雄的象征，在他看来，欺负小女孩和踢人家的肚子就是英雄的表现。我们已经了解到，在他的印象中，肚子是一个极其重要的部位，也可以说是致命的部位。他的胃一直不好，他的父亲也患有神经性胃病，并且没有治愈。所以在这个家庭中，肠胃占有很重要的地位，小男孩的目的就是攻击别人的弱点。

在他的梦中和行动上我们都可以看出他的人生态度。如果我们不把他从生活的梦境中唤醒，他会一直这样生活下去。他不但和自己的父亲、妹妹、比自己小的女孩作对，还和那些阻止他行为的医生作对。梦中的情境促使他继续自己的行动，他要成为一个英雄，他要征服别人。除非让他认识到自己是在自欺欺人，否则他不会改掉自己的毛病。

我在诊所中向他解释了他的梦。梦中的他生活在一个充满敌意的国家，那些想阻止他、惩罚他的墨西哥人都是他的敌人。等他再次来到我的诊所，我问道："从上次见面到现在，你觉得自己有什么变化吗？"

"我以前是一个坏孩子。"

"你以前都做过什么？"

"我欺负比我小的女孩。"

这并不是后悔的表现，而是在炫耀自己的能力。在我们的帮助下，他仍然坚持自己是一个坏孩子。他还说："我不要改变自己，我同样会踢你的肚子。"我们要怎样帮助他？他仍生活在自己的梦里，仍以为自己是一个英雄，我们必须消除他从这种角色中所取得的满足感。

我们对他说："你认为英雄会去欺负一个弱小的女孩吗？这是英雄行为吗？如果你想当英雄，就要去和那些身体强壮的女孩做斗争。要不你还是放弃吧。"这只是治疗的一个方面。我们要做的是让他明白，不要再执着于自己的人生态度。曾有一句德国的古语是这样说的："在他的汤中吐口水。"只有采用这种办法，他才会放弃那碗汤。治疗的另一方面是，让他鼓足勇气与他人合作，以另一种方式去为社会做贡献，找到人生的意义。对社会有责任感的人是不会做出违背社会道义的事情的，除非他认为这样做很有必要。

　　一个单身的 24 岁女孩，在从事一份秘书工作。她对我说，她的老板是个欺软怕硬的人，这让她难以忍受。她还觉得自己不会有真正的朋友和友谊。从经验中我们可以看出，她无法获得友情，是因为她有太强的支配欲望，她希望自己成为众人关注的对象，她的目的也只是显示自己的优越感而已。可能她与她的老板是一种类型的人，想操纵控制他人。这样的两个人碰到一起，麻烦自然免不了。这个女孩兄弟姐妹七个，她是家中最小的一个孩子，是父母的宠儿。她的外号叫"汤姆"，可见她很想让自己成为男孩子。这就让我们更加怀疑：她是否已经将控制他人以显示自己的优越性作为自己的目标，也许在她的意识中认为做男人就可以控制他人，并且不受他人的控制。

　　她很漂亮，她认为自己受人喜欢完全是因为她的容貌，所以她很害怕毁容。她十分了解，在当今社会，漂亮的女孩更容易给人留下印象，更容易控制他人。但是，她想让自己成为男人，想像男人一样控制别人。所以，她对自己的容貌又不是过于关注。

　　在她童年时期曾受到一个男人的惊吓，她承认现在仍然害怕自己成为那些盗贼或袭击者的牺牲品。她既然想成为男孩，却害怕盗贼，这的确令我们有些不解。但是，仔细想想就会觉得并没有什么稀奇的了。正是因为这样的恐惧才使她有了这样的目标。她想置身于一种受自己掌控的环境中，对其他环境则统统排斥。她无法控制那些盗贼或袭击者，所以她想把那些人消灭掉。她想成为男人，可是实现不了，她就会将责任归于环境。我们把这种对女性角色不满的现象称为"男性倾向"，她还会发出这样的感慨——"我是男人，我要克服各种做女人不利的方面。"

接下来让我们看看她梦中的情感和现实的情感是否相似。她在梦中常常是孤身一人。她是一个被惯坏了的孩子，她的梦表示："我必须有别人的照顾和关心，我独自一人的时候没有安全感，别人会袭击我、压制我。"她还常常梦到自己丢了钱包。那是她在提醒自己："小心点！你可能丢东西。"她真的不想丢任何东西，尤其是不想失去对别人的控制权。她将生活中的一件小事——丢钱包作为了丢失所有东西的代表。这又是一个通过梦中的情感强化人生态度的例子。她现实中并没有丢过钱包，可是在梦中发生了这样的事，给她留下了这种情感。

　　她的另一个较长的梦可以帮助我们更清楚地了解她的人生态度。她说："我梦到自己去游泳池游泳，那里的人很多，我站到了别人的头顶上。我有一种感觉：如果有人发现我站在了他人的头顶上，肯定会大声嚷嚷起来，而我就可能因此而掉下来。"我想如果我是雕塑家，肯定可以将她梦中的情景画出来：她站在他人的头顶上，把别人看成自己的底座。其实这也是她人生态度的体现，她很想拥有这种感觉。可是，她却对自己的位置感到不安，她认为别人也会了解她内心的焦虑，然后给她以帮助，这样她才可以继续站在别人的头顶上。然而她感觉在水中游泳并不安全，这是她全部人生的表达。她的心理目标是："虽然我是一个女孩，但我想成为男人。"她也是和其他家中最小的孩子一样，志向远大，但是她只想让别人看到她的优越地位，却不想承担在优越地位所应有的负担，并且她一直将自己置于一种焦虑和恐惧之中。如果我们可以找到帮助她的方法，就要让她甘愿做一个女人而不再崇尚男性，并要她以平等的态度对待周围的人。

　　有一个女孩在 13 岁的时候，弟弟在意外事故中死去了。在她的童年时期，她记得这样一件事："弟弟在刚学走路的时候，有一次，她抓住一把椅子想向上爬，可是椅子倒了，砸在了他身上。"这是另外一次事故，由此我们可以看出她对生活中的危险感受很深。她说："我常常做一个奇怪的梦：我走在一条大街上，街上有一个坑，可是我却没有发现。所以我掉了进去，坑里充满了水，我碰到水马上就醒了，可是心跳不止。"

其实，这个梦并没有什么奇怪之处，可是如果她还想让这个梦吓醒自己，这个梦对她来说就是神秘的。这个梦是在提示她："一定要小心，生活中有很多不知道的危险存在。"但是，其实际意义远大于此。如果你没有什么地位，就不会掉下来；如果你有掉下来的危险，就证明你想让自己超越他人。所以，这个梦还告诉她："我地位很高，我要时时注意，别让自己掉下来。"

在以下的案例中，我们会明白，早期的记忆和梦中的情形，都是受着同样的人生态度所支配的。一个女孩说："我记得那时很喜欢看别人盖房子。"我想她是具有合作精神的人，因为我们不可能让一个女孩去盖房子，但是通过她的兴趣，我们可以看出，她喜欢与人合作完成工作。"在我还是个小孩子的时候，常常站在很高的玻璃窗前，至今我仍然记得那些玻璃窗格，就像昨天刚刚发生的一样。"如果她感受到了玻璃窗很高的现实，那么就证明在她的脑海中已经形成了高与矮的对比。她其实在说："窗户很大，我很小。"她说自己很小，这并没有什么奇怪的，正因为此，她对于大小很敏感。她说自己至今仍然记得那些玻璃窗格，是她炫耀自己的一种表现。

再来让我们看看她的梦。"我和另外几个人坐在汽车里。"她喜欢与别人在一起，所以我们说她是有合作精神的。"我们开车来到了一片树林。大家跳下汽车，跑进了树林。他们的个子几乎都比我高。"这又是她对大小的一次反应。"我追赶上他们，跟着进入了一个电梯中，后来电梯降到了一个十英尺深的矿井中。我想，如果我们出不去了，肯定会被闷死在这里。"现在她感受到了周围的危险。人并不是毫无畏惧的动物，很多人都害怕危险的来临。但是，她却说："结果我们安全地出了电梯。"从这里我们可以感受到她的乐观精神。如果她是一个懂得合作的女孩，那么她就是勇气十足、积极乐观的。"我们在那里待了一分钟，后来又坐着电梯上来了，接着跑回了汽车里。"我确认这个女孩有着足够的合作精神，但是她却想让自己变得强大起来。我们也可以从她身上发现某种紧张情绪存在，比如她常常踮着脚走路，但是在她与别人的合作和发展中会使这种情绪得到缓解。

第六章　家庭的影响

母亲的作用

自孩子刚刚来到这个世上，他的所有行为就都是为了和母亲建立联系而做的。在最初的几个月中，母亲在他生命中的地位任何人都无法替代，他完全依赖母亲。这是他开发合作能力的最初环境。孩子最先接触的人是自己的母亲，母亲也是他除自身之外最感兴趣的人。母亲是将孩子与社会相连接的第一条纽带。孩子如果无法和母亲（或者其他可以代替母亲角色的人）建立关系，必定走向灭亡。

孩子与母亲之间的这种联系不仅亲密，而且意义深远，以至于我们无法区分出哪些性格是遗传因素。可能原来的遗传性格也在母亲的影响下得以改变了。孩子的所有潜能都会受到母亲的影响。一般来说，母亲的技能就是指她与孩子合作的能力，以及她让孩子与自己合作的能力。这种能力没有固定的模式。每天的情况都会不尽相同，母亲必须在这些方面将自己的观察力和理解力传与孩子，以满足他们的需要。只有母亲真正关爱自己的孩子并希望得到孩子的爱，还想保障孩子的利益时，这种技巧才会充分发挥出来。

　　我们可以从母亲的所有活动中看到她的态度。母亲有着各种和孩子亲密接触的机会，比如抱孩子、与他谈话、给他洗澡、喂他吃饭。如果她对这些事不熟悉或者没有兴趣，就会显得很笨拙，孩子也就不会对她产生兴趣。如果母亲从不给孩子洗澡，孩子就会觉得洗澡是很令人厌烦的事。这样，母子之间就不会有一种和谐存在，孩子还会想着远离母亲。所以，母亲把孩子放上床的方式、制造出的声音以及她所有的行为动作都应该很有技巧。母亲要懂得照顾孩子，并让他学会独处，还要为他考虑空气、室温、营养、睡眠、生理健康和卫生清洁等方面的因素。她时刻都在给孩子提供机会，让孩子喜欢她或者讨厌她、亲近她或是排斥她。

　　其实做好母亲并没有什么秘密可言，任何技巧都是对兴趣进行训练的结果。人在很小的时候就开始了做母亲的准备。比如，我们观察女孩对弟弟妹妹的态度，看她们对于婴儿的兴趣，或者从对母亲所做之事的关注程度就可以看出。对待女孩和对待男孩的教育态度应该不同，因为他们未来要做的事情是不一样的。如果想让一个女孩以后成为合格的母亲，那么从小就要培养她的为母之道。让她主动接受母亲这一角色，并让她感受到做母亲的乐趣和意义，让她在以后不能因为无法承担起母亲的责任而失落。

　　但是很不幸，在西方，这种为母之道的培养并未得到重视。如果有重男轻女的思想，男孩自然会比女孩受宠，那么女孩就不会喜欢自己做母亲的角色，因为谁都不想居于人下。当她们结婚后，同样会对生子产生厌恶感。她们并不想要孩子，对孩子也没有特别的期待，因为她们并不觉得做母亲是一件伟大且有创造性的事情。

这也许是社会中的一大问题，但是很少有人去想解决的办法。人类社会与女人的为母之道是分不开的。无论何时，女性也不能被看成低人一等。我们常常发现，男孩子们在很小的时候就把家务活看成仆人才做的事，他们认为自己做家务是很丢人的事。其实，做家务应看作是女性的一大贡献，而不是身份卑微的一种表现。

如果一个女人对做家务兴趣浓厚，并且认为自己的作为可以给家人带来轻松和快乐，那么她就会认为家务活和世界上的其他活一样重要。反之，如果女人认为家务是下人干的活，是身份低贱的一种表现，他们就会厌烦这种工作，并且还会为自己寻找种种借口，说男女是平等的，她们应该和男人一样发挥自己的潜能，并得到相应的待遇。但是，潜能是通过社会责任感得到发挥的，责任感让女性有了奋斗的方向，使女性可以不受限制地发挥自己的能力。

如果我们贬低了女性的价值，那么婚姻的幸福也就无从谈起了。如果女人认为养育孩子是很低贱的事情，那么她绝对不会全身心地投入到关心、照顾孩子上，更不懂得与孩子沟通交流的技巧。而要想让孩子的人生有个好的开端，这是很必要的。那些不满足当好母亲角色的女性也有自己的目标，她们的目标与一般女性不同，她们将孩子和家庭看成一种束缚和累赘，只想做一些可以超越别人、证明自己实力的事情。在很多失败的案例中，我们都可以看到，母亲并没有尽到自己的义务，没有给她们孩子的人生一个良好的开端。如果所有的母亲都对自己的工作不满意，对自己的孩子没有兴趣，那么她们都不是一个合格的母亲，那么人类的发展将充满危机。

但是，如果某位母亲在养育孩子上出现了失误也不一定是她的错，因为她有可能受到很多事情的约束。这并不能将错归于谁，比如，母亲没有受过正规的训练，不知道该怎样去培养孩子；她的婚姻生活并不幸福，心情很压抑；她对周围的环境感到焦虑甚至对生活产生绝望的思想；如果母亲的身体状况不好，也许她想和孩子沟通合作，但是心有余而力不足；家里的生活条件不好，根本无法为孩子提供有营养的食物、可保暖的衣服、温暖的屋子。

其实，孩子的经历并不能为他的行为做指导，只有那些从经历中得出的经验才有着指导作用。我们在研究那些问题儿童时，常常发现他们与母亲之间有着很多矛盾，但是那些正常孩子的身上也会有这样的矛盾出现。让我们再次回到心理学的观点上来：性格并不是由固定原因造成的，孩子可以通过自己的经历去实现某一目标，而正是这些经历让他们形成了特定的人生观。我们不能说心理有问题的孩子一定会犯罪，我们还要看他从自己的经历中获得了什么。

但是，有一点可以肯定，如果一位女性对于做好一个母亲的角色并不感兴趣，那么她和孩子都将面临很大的压力和困难。一位母亲的本能是我们无法估量的，在很多研究中都表明，母亲对孩子保护的本能超过任何动力，即使老鼠和猴子也是如此。如果将性或饥饿的驱动力与母性的本能相比，那么母性将胜过一切。

这种动力与性无关，而是一种合作的精神。母亲常常将孩子看成自己的一部分，有了孩子，她才会觉得自己是一个整体，才会感受到主宰自己生命的力量。我们几乎可以在所有的母亲身上发现这种感情，不论多少，即便她的孩子只是一件作品。在母亲心里，会认为自己就是造物主，看着一个个新生命在自己手中降生。拥有做母亲的欲望，是人类向卓越发展的一个表现。这个例子简单明了，它告诉我们应该如何按照人类最深的情感去服务于社会和人类。

有的母亲将孩子看得过重，认为孩子可以完成她未完成的使命。她会想方设法让孩子依赖她，受她的约束。这样孩子就真正地成为了她的一部分，永远无法分开。有这样一个例子：一位村妇在75岁的时候还和55岁的儿子生活在一起。后来，他俩同时患上了肺炎，之后母亲康复了，儿子却死在了医院。母亲得知儿子死去的噩耗时，说："我知道自己很难将这个孩子养好。"在这位母亲的心里，自己应该为孩子的一生负责，从未想过让他独立生活。我们可以想象，如果一个母亲不能将母子之间的联系延伸，不让自己的孩子与他人合作，是多么可悲的一件事。

母亲和别人的关系亦很复杂，所以她不应该只注重和孩子之间的关系。不管从孩子还是从母亲来讲，都是如此。如果我们过于强调一个问题，另外的问题就会被忽视。母亲和丈夫、孩子、社会之间都有着某种联系，这三种联系是缺一不可、同等重要的，都需要我们冷静面对。如果母亲只注重和孩子之间的关系，就会对孩子过分宠爱，以至于惯坏，这样也会让孩子失去与人合作的能力。在母亲和孩子的关系变得良好和稳定的时候，就要让孩子将这种关系延伸到父亲身上。可是，如果这位母亲对孩子的父亲都没有兴趣可言，那么孩子与父亲的这种关系就很难建立。之后，还要将这种关系扩大到周围的环境中，像别的孩子身上、亲戚和朋友中。所以，母亲的责任是双重的：首先她要让孩子有一个信赖他人的初次经历，然后要将这种信任延伸到整个社会。

如果母亲将孩子的目光只转向自己，那么以后孩子将很难接受甚至反感与他人接触的事情。他会一直依赖母亲，如果谁想从他母亲那里取得关爱，他必将与那人为敌，不管是自己的兄弟姐妹还是自己的父亲。久而久之这个孩子就会这样认为："妈妈是属于我自己的，你们无权分享她的爱。"

然而，现代心理学却对此事有所误解。比如在弗洛伊德看来：男孩会有一种恋母情结，他们想和自己的母亲结婚，痛恨自己的父亲，甚至想杀死他。如果我们对孩子的成长过程有所了解，就不会有这种想法了。那些想寻求母亲关注而排斥他人的孩子身上有恋母情结的现象，但是这与性毫不相关，他们只想让母亲服侍自己，想让母亲成为自己的，不想让任何人与之分享。这种现象只在那些被母亲宠坏的孩子身上有所体现，他们认为除了母亲，自己不可能和任何人建立良好的关系。有这样一些男孩，只和母亲保持着良好关系，所以他们也会将母亲看成自己的恋爱和婚姻的对象。可是这只能说明在他们心中，除了母亲，没有任何人对他们言听计从，没有任何人与他很好地合作。所以，恋母情结是养育方式的错误。这是人为造成的，不能归结于与遗传有关的乱伦，更没有任何性欲的愿望。

一个只和母亲保有联系的孩子，只要脱离了母亲，就会出问题。比如，他去上学或者去公园时，会一直紧紧跟随着母亲。一旦母亲不在他身边，他就会很难过。他会利用各种手段，让母亲时时跟随他，让母亲全身心地关注他。比如：他会充当母亲情人的角色，装出一副柔弱无助的样子，博得母亲的同情；当母亲不能满足他的心愿的时候，他就会大哭或者装病，意在告诉母亲他仍是一个需要照顾的孩子；他还可能大发脾气，与母亲争吵，目的仍是博得关注。这些孩子几乎都是被母亲惯坏的人，他们拼命地想赢得母亲的关注，又拼命地拒绝着任何与外界的联系。

有人提出，将母子分开，让保育员或收容所培养他们是补救母亲失误的良方，其实这种建议可笑至极。如果要找可以替代母亲角色的第二人选，首先应该像母亲一样，对孩子充满兴趣。事实是，孤儿院不可能搭建人与人沟通的桥梁，在那里长大的孩子对他人没有任何兴趣。如果是这样，还不如对母亲进行训练见效更快一些。

曾有人对收容所的孩子进行过观察，结果他们的发育情况并不乐观。如果让保育员或修女单独负责照顾一个孩子，或将他们放在一个家庭里寄养，让他和养母的孩子们一起成长，结果发现只要养母倾情投入，他们的成长情况就会大为不同。此类孩子多是孤儿、私生子、弃儿，或是出自单亲家庭，如果让他们离开自己的父母，就要为他们找一个可以代替亲生父母的人对他们进行抚养。由此我们看出，母亲的关系和爱护是何等重要。

继母的处境常常很难，丈夫前妻的孩子往往与之为敌。但是这并不是无法解决的问题，有很多继母做得非常不错。孩子在失去母亲之后，就会将自己的期望转向父亲，想从父亲那里得到像母亲一样的关爱；但是当继母来到家中时，孩子们就会觉得继母将父亲的爱抢走了，所以他们就会痛恨继母，并与她为敌。可是很多继母并不了解这种状况。所以继母将对孩子们的敌意进行反击，这样孩子们不但不会屈服，反而更加嚣张。在与孩子的交战中，继母永远不会胜利，因为孩子们即使失败了，也仍然拒绝与你合作。所以在这种争斗中，胜利者往往是弱小的一方。孩子们不想给予，你却偏要索取，这样你什么都不会得到。如果我们知道争斗解决不了关爱和合作的问题，这个世界就会减少很多无谓的压力和努力。

父亲的作用

在家庭中，父亲和母亲有着同等重要的地位。最初，孩子与父亲的关系总是比不上与母亲亲密，但是在以后的生活中这种关系也会发生变化。我们已经知道母亲如果不把与孩子的关系延伸至父亲将是很危险的。这样的孩子在以后的生活中常常出现很多问题。对于孩子来说，那些婚姻不幸福的家庭也是很危险的环境。母亲只想让孩子属于她个人，根本不想让父亲融入她与孩子中间。也许孩子只是父母战争中的一颗棋子。他们都想让孩子依附自己，希望得到孩子更多的关注。

有矛盾的夫妻总是形成对峙，看谁更疼爱孩子，看谁可以更好地控制孩子。如果父母之间的这种分歧被孩子得知，他们就会巧妙地利用这种矛盾为自己得利。这种环境中的孩子是不可能有合作精神的。孩子首次体验到的合作精神都是从父母那里得到的，如果父母之间并不合作，孩子的合作精神也就无从谈起了。并且，从父母那里，孩子也会产生对婚姻的初次印象。在婚姻不幸福的家庭中长大的孩子，如果以后不特意改正自己的想法，他们对婚姻也会不信任，以至于他们自己的婚姻也总是失败的。他们总是在逃避与异性相处，甚至认为自己的婚姻注定是不幸福的。所以，不和谐的婚姻生活，注定会对孩子造成很大的影响。婚姻的目的应该是谋取两个人共同的幸福，给孩子提供一个良好的家庭氛围，其中不管哪一方面出现了错误，都不会有一个美满幸福的家庭。

婚姻是一种合作关系，没有地位之分。对此我们需要仔细论述。在家庭生活中不需要有地位高低之分，如果某个成员的地位远远高于他人，将是一件很悲哀的事。如果父亲是一个脾气火爆的人，想成为家庭中的主宰者，那么他就会将这种错误观念传递给自己的儿子。这种家庭氛围对女儿的伤害会更深，她们会以为男人都是家中的暴君，她们以为婚姻就是受人主宰、控制的家庭生活，以至于有的女孩长大后为了不受异性的伤害而变成了同性恋者。

如果母亲是家庭中的主宰者，整天唠叨不停，就会出现相反的影响。这样，女儿就会像妈妈一样尖刻、挑剔；男孩则时时处于防御状态，警惕着母亲对他的控制，并害怕自己被骂。有时不仅是亲妈厉害，就连姐姐和姑姑也一起管教男孩，这样男孩就会变得性格内向、畏缩不前、不想接触社会。他开始逃避与异性相处，因为他害怕所有的女人都是爱唠叨的人。谁都不想被指责，但是如果一个人将逃避指责看成人生中的重要事项，那么定会对他的生活造成阻碍。在遇到任何事的时候他都会这样问："我是征服者，还是被征服者？"这样的人认为人与人之间没有平等可言，只能是你胜我负的关系。

对于父亲的责任我们可以这样概括——妻子的好丈夫，孩子的好父亲，社会的好公民。他必须将人生的三大问题——事业、友情、爱情处理得当，还要在家庭问题上与妻子很好地合作。他应该知道妻子在家庭中占有很重要的地位，他不应该轻视妻子的地位，而应与她合作。我们必须强调一点：家庭中的主要收入虽然来自于父亲，但是管理家庭的责任仍然需要两个人共同承担。他万万不能将自己看成施予者，而将其他成员看成接受者。在和谐美满的家庭中，父亲挣钱只是其在家庭中的一项分工而已。很多父亲认为自己挣钱供别人花，自己就理所当然是家中的主宰者，这是极其错误的想法，我们应该避免任何不平等的思想。

所有父亲都要明白，男性的强势地位是当今文化过度强调的结果，所以在结婚之后，妻子也许会害怕自己受人支配或控制。男性不能只因妻子是女性，不能像他一样给家里挣钱，便歧视妻子。不论妻子是否有经济能力，只要平等合作关系还是家庭生活的基础，有关挣钱和花钱的问题就无需再追究。

父亲会给予孩子很深的影响，甚至在很多孩子的一生中，父亲不是被视为楷模，就是被视为死敌。惩罚孩子，特别是体罚，往往会极大地伤害孩子。所有凶暴的教育方式也都是错误的。父亲在家庭中常常充当着惩罚孩子的角色，这是很不幸的，因为这样无疑给孩子传达了这样一种思想：母亲的柔弱根本不能教育好孩子，必须依靠父亲的力量才能让孩子"改邪归正"。如果母亲常常对孩子这样讲："你等着吧！看你父亲回来之后怎样惩罚你。"这就在无意中告诉了孩子：男人才是家里的统治者，才是生活中的主宰者。同时也会使孩子和父亲的关系变得不友好，孩子会因为害怕父亲，而不与他交流合作。也许女人害怕孩子因为自己的惩罚和自己的关系疏远，但是将这种事交给父亲去做同样是错误的。这样做也许母亲并不能从根本上消除怒火，孩子也仍然会因为母亲"召集救兵"的行为感到反感。如果母亲用"我会让你父亲惩罚你"的话来吓唬孩子，那么在孩子心中会对男性产生怎样的想法呢？

如果父亲可以适当地处理人生的三大问题，他将成为家中的主心骨，是一个好丈夫和好父亲。父亲也会与人很好地相处，且朋友众多。因为交往范围广，他就将家庭融入到了更大的生活圈子中。他不会将自己封闭起来，也不会把自己限制在传统观念之中。这样，家庭之外的事情也会通过他带给家人，他就会告诉孩子如何与人合作，如何关注他人。

但是，丈夫和妻子应该生活在同一个社交圈中，不要只注重自己的交友范围，否则代沟就会慢慢形成。当然，我这里所说的并不是让他们如影随形地一直不分开，而是要他们和谐相处。如果一个丈夫并不想让妻子认识他的朋友，定会产生很多问题。此时我们已经看出，丈夫的社交中心已经不再是自己的家。这样对孩子的教育也没有好处，父母应该让孩子懂得家庭只是社会的一部分，在家庭之外也有很多可以交往的朋友。

如果父亲与其父母、兄弟姐妹关系融洽，就说明他有良好的合作能力。当然，走出家庭过自己的生活是他一生中必须要做的事，这并不表示他不爱家人了，或是要和他们断绝关系。如果两个人婚后仍以父母为中心，并依赖父母生活，仍将与父母的关系放在首位，那么他们的家只能是父母的家，而不是他们建立起来的属于自己的家，他们的合作关系也就不会得到很好的发挥。

有时丈夫的父母会因为疑心重，想知道自己儿子生活中的家庭琐事，这样就常常给儿子的家庭带来很多麻烦。妻子会觉得公婆对自己有意见，并且也会因为他们干涉自己的生活而气愤不已。

尤其是那种不顾家人反对而独自做主的男人，在婚姻中更容易遇到这类事情。我们很难说父母做错了什么。如果父母并不想成就这段婚姻，那么要在儿子结婚之前提出自己的意见。可是既然儿子已经结婚，他们就只有一条路可选——使儿子的婚姻幸福美满。人与人的矛盾总是时时存在的，丈夫应该理解，无须为此烦恼。他应该用事实证明父母对他的婚姻进行反对是他们的错，自己的选择才是最正确的。夫妻二人不必都去顺从父母的意见，当然我们争取让大家和谐相处，如果公婆做任何事也是为儿媳和他们的家庭着想，那就不会有太多的麻烦了。

每个人都想让自己的父亲担起养家的责任，成为家中的主心骨。在这些方面，妻子或孩子都可以给他提供帮助，但是在西方文化中，男人仍然承担着主要的经济重任。所以，他必须积极工作，勇敢地面对一切困难，并且了解自己职业中的利弊所在。此外，在工作中与他人合作，博得别人的尊敬也是必不可少的。

实际上，工作的意义并不止这些，父亲还应该为孩子树立一个榜样，让他们面对困难时像父亲一样勇敢。所以，这就要求他有处理问题的方法和一份对人类有益的工作。不管他对自己的工作有怎样的看法，主要的是他的工作可以为人类做贡献。我们也无需过于关注他所说的话，因为如果遇到一个总是夸耀自己的父亲，我们会感到很失望，但是如果他的工作的确是有意义的，那么说出来的只是事实，也就没有夸张的意思了。

接下来让我们谈谈爱情和婚姻的问题，以及怎样创造和谐幸福的家庭。丈夫首先要做的就是关心自己的妻子。这一点我们很容易就可以看出。如果他是个心思细密的男人，他就会对妻子所关注的事加以关注，也会认为自己应该给她提供幸福的婚姻。将注意力集中在某人身上并不是爱的唯一表达方式，和谐相处也是对爱的表达。丈夫要懂得如何取悦妻子，并和她保持很好的关系。只有两人将对方的幸福看得比自己的幸福还重要，才会有真正意义上的合作，只有让给对方的爱大于对自己的爱才是真正的爱情。

丈夫对妻子的爱不可在孩子面前过分表现。夫妻之间的爱和他们对孩子的爱是完全不同的两种事情，他们之间没有任何冲突。但是在孩子心中往往会产生这样的想法：父母之间的爱太多了，对自己的关爱就会减少。这样孩子就会心生嫉妒，从而在父母之间挑事。

关于性伴侣的问题，我们必须足够重视。当孩子遇到性问题的困惑时，一般要父亲向男孩解释，母亲向女孩解释。父母一定要记住：只解答孩子提出的问题或他们在所处年龄应该知道的问题，不能主动去讲那些他们没有提问的问题。因为如果向孩子解释过多这方面的问题，反而会加重他们的好奇心。如果随便将性知识讲给自己的孩子听，与不向孩子解释任何性知识而含糊了事一样没有益处。最好的方法就是告诉孩子他们想了解并能够接受的知识，不要随便讲出我们认为他们应该明白的事情。我们要让孩子认为我们是真诚的，让他们认为我们在与他们合作，并帮他们寻找解决问题的办法。只要这样去做，就不会产生大的错误。

夫妻之间不可常常围绕钱的问题来说事。那些没有经济来源的女人对钱的敏感程度会甚于男性，如果有人说她不懂得节约，定会对她的内心造成很大的伤害。金钱问题也应该是家庭问题中的一部分，同样需要以合作的方式解决。妻子没有理由去强迫丈夫承担家庭中的全部开支。如果在金钱问题上夫妻之间一直意见一致，就不会有人觉得自己是被施舍或被剥夺的一方。

父亲应该明白，孩子的未来并非只靠金钱来保证。我曾看过一个美国人写的很有意思的书，在书中他叙述了一个由贫民变为富豪的人。他想让自己的后辈永远富贵，为此他去咨询一位律师。律师问他想富裕几代人，他说十代。

律师说："你能做到，但你要清楚，任何一个十代子孙，都有五百个以上的先辈跟你存在血缘关系，这些人都会自认是你的后代。如此一来，你还认这些子孙吗？"

我们在此以一种极端的例子说明一个道理：人们无法与社会同胞脱离联系，无论为后代留下什么，其实都是在为整个社会服务。

在一个家庭中，可以没有统治者存在，但是却不可没有合作精神。在子女教育的问题上，我们一定要团结一致，共同努力。但是，要记住一点，不管父母哪一方，都不要对任何一个孩子有过分的宠爱。过分宠爱的危险，常常是我们无法预料的。童年时期的孩子心情压抑，常常是因为父母过于关心他的兄弟姐妹而忽视了他的结果。也许你会说这样的结论没有依据，但是在各方面都受到平等对待的孩子是不会有这种现象的。如果父母重男轻女，女孩就会产生自卑心理。孩子的感觉往往更加敏感，他们常常因为感觉父母对他的宠爱不如对其他的孩子而走上错误的道路。

当然，父母总是有意无意地对家中优秀卓越的孩子更加偏爱。但是我们应该利用一些技巧和办法，不让这种偏爱显露在外。否则这个优秀的孩子会让别的孩子感到自卑和沮丧。他不但会引起别人的嫉妒，还会让其他孩子丧失自信，同时也会影响他们的合作能力。父母说自己一直公平地对待着每一个孩子远远不够，他们还要观察在这些孩子中有没有被父母偏爱的疑虑。

偏爱孩子还是平等对待

孩子们总有自己的一套方法来赢得父母的关注。比如，被过分宠爱的孩子往往害怕独自待在黑暗中，其实他们害怕的并不是黑暗，而是想利用恐惧心理来赢得母亲的关注。有一个被溺爱的孩子，只要到黑暗的地方就会哭泣。那天晚上，妈妈听到哭声走了过来，问道："你害怕什么？"他说："我怕黑。"母亲知道了他的意图，所以说："我过来以后，是不是就不那么黑了？"可见，黑暗并不是他真正惧怕的东西，他只是不想和母亲分开。他所有的感情、力量和心智都为了营造一种情境，在这种情境下，他要和母亲在一起。除此之外，他还会利用哭闹、号叫和不睡觉等方式让母亲围绕在他身边。

恐惧是教育学家和心理学家极为关注的一种情感。然而，个体心理学关注的不是恐惧的原因，而是恐惧的目的。几乎所有被溺爱的孩子都有恐惧症，他们正是利用自己的恐惧赢得了别人的关注，并成为自己人生态度的一部分。他们想利用这种情感去接近母亲。那些胆小的孩子一定是在父母的溺爱中长大的，并且想一直被别人宠爱。

被宠坏的孩子总是会做噩梦，并在梦中大声喊叫。我们似乎对这种病症十分熟悉，但是如果不接受睡眠和清醒是一脉相承的关系，就无法理解这种情形。本来，睡眠和清醒就不是对立的，二者无非是一种事物的两个方面罢了。孩子在梦中和在白天的行为方式相差无几。当他一心要将情境变得更加有利于自己时，他的整个身心都会为此而动。当经过训练和有了经验积累之后，他会找到实现目的的有效路径，各种适用的观念、场景和记忆等要素，在睡梦中都充斥着他的头脑。一个被溺爱的孩子有过几次经历后就会发现，由噩梦衍生的荒诞情绪可以再次让母亲亲近自己。有些被宠爱的孩子在长大之后甚至仍不时做着各种焦虑的噩梦，梦中的恐惧同样可以赢得别人的关注，久而久之，这就形成了一种习惯。

烦躁的情绪同样是孩子惯用的手段，如果那些被溺爱的孩子可以在睡觉之前让父母安安静静的，可真是新鲜事。他们想赢得父母关注的方法实在太多了，他们说自己的被褥不舒服，说自己想喝水，说自己害怕妖魔鬼怪。有的孩子只有父母守着才可以睡觉，有的孩子会梦游、掉到床下。我曾遇到过这样一件事：一个被溺爱的孩子晚上从不制造麻烦，而是安安静静地睡觉，既不做噩梦，也不会半夜醒来做这个做那个，但是她却在白天麻烦不断。我感到异常奇怪，因为那些将赢得母亲目光的手段，这个女孩却一个都不用。最后，我终于发现了原因。

我问她母亲："她在哪儿睡觉？"

她回答："在我床上。"

被宠坏的孩子常常希望自己得病，因为只有生病才能让父母更加疼爱。我们经常看到这种情形，孩子生病之后，就会出现很多问题儿童的迹象。所以我们总以为这些问题是疾病所致。然而事实却是这样的：在他康复之后，父母就不会再像生病的时候那样对他们照顾有加，所以为了赢得母亲的再次关注，他们就会变成"问题儿童"。有时，当一个孩子发现另一个孩子因为生病被人极为关注时，便想着让自己得病，他们甚至会不择手段，像亲吻拥抱得病的孩子，让自己也染上病毒。

有一个住了四年医院的女孩，让医生和护士宠坏了。出院之初，父母在家依然宠她，可是几周之后这种宠爱便渐渐冷淡下来。所以当别人不能满足她的愿望时，她就会嘴含着手指强调："我曾住过医院呀！"她想告诉别人，自己曾经生病住院，现在也想渴求像在医院时那样的优越感。同样的行为也会在成人身上出现，他们时常言及自己的病情或曾经做过的手术。然而，还有另一种情况：有的孩子曾让父母头疼不已，但有时一场病后却变得独立自主了。我们已经看到，身体的缺陷确实是孩子的一个额外负担，但我们同样发现，这些缺陷并非是构成其心理缺陷的原因。所以我们怀疑，身体康复与性格改变是否有内在关联。

还有一个男孩，他是家中的次子，他身上的问题很多，比如骗人、偷窃、逃学、为人凶残、顽固不化等。老师拿他也无可奈何，认为必须让他进教养所。此时这个男孩患了髋部结核，结果打了石膏，在床上躺了六个月。当他病愈后，竟成为孩子中最老实的一个。我们难以接受疾病对他产生的影响，但一切很快就柳暗花明了：此前他总觉得哥哥受到父母偏爱，而自己则遭受冷落。但在生病期间，他发现自己吸引了所有人的注意力，大家都在关心帮助他，后来，他终于明白了自己以前认识的错误。

我们现在再探讨一下孩子之间的合作，因为这同样是家庭合作中极为重要的问题。只有让孩子意识到他们之间是平等的，他们才会积极参与到社会中。同时，男孩和女孩意识到了性别的平等，也就不会出现重大的两性问题了。有人问："在同一个家庭成长的孩子，差别为什么会如此之大？"这个问题曾被一些生理学家解释为基因构成的差异，而我认为这是极为荒唐可笑的。我们不妨用小树的成长来解释孩子的成长。一片树木生长在同一个地方，但每棵树木的小环境又各有差异。有的树因为汲取了更多阳光和土壤养分而生长得较快，那它就必然侵占了其他树木的生长资源，如遮挡阳光照射、根系四处蔓延、抢夺土地养分。如此以来，其他树木就无法正常生长，显得矮小和萎靡。一个家庭与此相似，其中一人鹤立鸡群，别人则必定相形见绌。

我们前面谈过，父母中的任何一方都不应成为家中的统治者。但是我们却经常看到，如果父亲天赋很高或很成功，反而让孩子认为，父亲的成就自己永远无法赶上，由此心生失望，丧失生活的兴趣。名门子弟的表现往往让父母和社会大失所望，就是父母成就斐然、后辈自暴自弃的结果。所以如果父母事业有成，不妨在孩子面前降低姿态，与家人低调相处，以免对孩子造成负面影响。

在孩子之间同样会有这种情况发生。假如一个孩子凸显优秀，就会赢得大部分人的目光，对他而言自然很好，但是其他孩子却会对他产生嫉妒和不平的心理。任何人都不可能甘居人下而毫无怨言地默默忍受。优秀孩子伤害了其他孩子，其他孩子的成长过程就会失去内在的精神动力，这绝非危言耸听。当然，其他孩子仍会追求优越的地位，并且会永无止境地奋斗下去，但他们的目标有可能偏离主流，或是脱离现实，或伤及社会。

家庭中的排行

个体心理学对于研究孩子的出生顺序上，有了很大的突破。为了让大家容易理解这一问题，我们不妨以父母关系和谐，并尽心尽力抚养子女为前提。即使在这样的前提下，每个孩子在家庭中的地位仍然是有很大差别的，并且他们的成长环境也会大大不同。我们要再次强调一下，生活在同一个家庭中的两个孩子生长的环境是不一样的，所以，为了适应自己的成长环境，孩子对待人生的态度也会各异。

长 子

家庭中的老大都经历过一段"独生子"的时期，但是随着后边孩子的出生，他们就必须强迫自己改变，让自己适应新的环境。第一个孩子的出生常常让家人将目光都聚集在他身上，他会逐渐习惯这种被宠爱的角色。但是，第二个孩子出生后，他就会在没有任何准备的情况下被别人夺走自己的地位，他不再是家中的独子。现在，他必须和别人一同分享父母的爱。这样的改变会对他们产生很大的影响，很多问题儿童、神经官能症患者、罪犯、自杀者、酗酒者和性行为异常的人都会有这方面的原因。他们是家中最大的孩子，对其他孩子的到来印象极深，而这种地位被人抢占的经历也会对他的人生态度造成影响。

家中的其他孩子也会随着后面孩子的出生失去自己的地位，但是他们并没有这么强烈的感受。因为从他一出生就已经有人与他共同分享亲情，他从未独享过任何关爱。然而对于家中的第一

个孩子，这却是巨大的变化。如果父母确实因为其他孩子的出生而忽略了他，他定然不会接受这样的现实，即使他因此生出怨恨，我们也不能将责任全都推给他。当然，如果父母有足够的信心让孩子感受到他们的爱，知道他的地位无人可以代替，尤其让他们和父母一起迎接要降生的孩子，让他们一起来看护小孩子，那么他们心里就不会再有如此大的怨恨。但是事实往往是这样的：他们没有做好接受弟弟妹妹的准备，父母也的确因为其他孩子的降临忽视了他。所以，他们就开始千方百计地寻求母亲的关注，让自己回到以前的地位。有时，我们会看到两个孩子同时去向母亲索求关爱，谁都想得到更多的关注。

老大因为有体力上的优势，所以他们总会有更多的方法。我们可以想象，他在这样的环境下会做出怎样的事。如果我们和他处于同样的位置，与他所追求的目标相同，也定会和他采取同样的做法。我们会给母亲找各种麻烦，甚至与她争吵，做出各种行为只是为了赢得母亲的关注。他也会采取同样的方法，最后母亲对他的行为再也无法忍受，当他已经无计可施的时候，母亲也对他反感至极，这时他才真正了解没有人关注的滋味。为了取得母亲的爱，他极力去抗争，结果却彻底失去了母爱。他感觉被人冷落了，而实际上他的行为也真的被人冷落了。他觉得自己并没有做错什么，他还会说："我是没有错的，别人都是错的，只有我自己正确。"他就像掉进了陷阱，挣扎得越厉害陷得越深。他仍在为自己的观点寻找着各种理由，既然他以为自己永远是正确的，又怎么能放弃抗争呢？

我们针对此类争斗案例，必须进行详细研究。如果母亲与他针锋相对，孩子就会变得暴躁、丧失理智、刁钻古怪和桀骜不驯。在母子冲突时，父亲可能会给他重新受宠的机会，他因此会亲近父亲，以期赢得他的关注和宠爱，所以家中老大通常更加偏爱和依赖父亲。我们可以肯定，一旦孩子开始偏爱父亲，即进入人生第二个阶段。孩子早期会依恋母亲，当母爱渐渐远离的时候，他才会将依恋转向父亲，并以此报复母亲。如果一个孩子偏爱父亲，我们就可判断他曾经遭遇过挫折，或被人忽略或忽视。这些事让他记忆犹新，并且这种阴影也会对他的人生态度产生影响。

这种争斗通常将长期存在，甚至伴随孩子一生。这个孩子已经懂得反抗，并且在任何环境中都倾向于斗争。他也许没有志同道合的朋友，于是丧失信心，认为从此无法与人交往。他会变得易暴易怒、沉默寡言和特立独行，甚至索性彻底自我孤立。这种孩子的所作所为和现实表现，仍然以过去为重心，他们只想沉浸在过去那种美好的回忆之中。

所以，我们总能在老大的身上看到对过去的一种眷恋。他们喜欢回忆，但是却对未来没有信心。一个曾经有着统治权和掌控权的孩子，总能更深地体会到权力的重要性。长大之后，他们同样会玩弄权术，并过分夸张规则和制度的作用。他们认为任何事都应该按规则执行，并且这种规则是一成不变的。权力应该掌握在那些权力给予者的手中。这时，我们就看出了童年时期的经历对他之后的思想产生了怎样的影响。如果这种人拥有了地位，定会时时怀疑别人会有不轨之心，想夺取他的职位。

老大的地位虽然会引发很多令人担忧的问题，但如果处置得当，也可顺利解决。如果老大在弟弟妹妹出生之前已经学会了合作，伤害就不会发生了。我们从一些老大身上可以发现，他们很乐于为他人提供保护和帮助，并且觉得为他人带来幸福是自己的责任。他们经常会学习父母照料弟弟、妹妹时候的样子，承担起父母的角色，做弟弟、妹妹的师长。他们也会因此锻炼出很好的组织才能。也许他们提供的保护会让弟弟妹妹滋生依赖他的心理，或让他滋生出统治别人的欲望，但这些无疑全是正面的例子。

以我在欧洲和美洲的经验所得，问题儿童中老大的比例最大，其次就是最小的孩子。这的确很有趣，他们是家庭构成的两个极端，然而，目前的教育方式还不能真正解决发生在老大身上的问题。

次 子

老二在家中的位置非同寻常，这是其他孩子都无法比拟的。他刚一出生，就已经有了一个与他分享父母的孩子，所以与长子相比，他更容易与人合作。如果家中的长子不压迫他，他就可以很好地生活。但是在他的生活中有一个极为重要却不可改变的事实存在——他的生活中始终有一个与之竞争的对象。老大年龄比他大，发育比他早，所以他急需努力追赶。在老二身上我们常常看到这样的情况，他的生活就像一场竞赛，就像有一个领跑者永远在他前面，他必须奋力追赶一样。他需要不断努力，追上甚至超过哥哥。

从《圣经》的许多精彩篇章中我们也可以观察到心理学的问题，其中的雅各就是典型的老二。他始终想超越哥哥以扫，并取代他的位置。老二总是不甘心居于人后，他一直在努力超越老大。所以老二成功的机会更大，他们往往也比老大更占有先天的优势。在此我所说的并不是遗传的原因，而是由于孩子的不断努力，促使他进步得很快。以至于他长大之后独立了，仍然会寻找一个优秀于自己的目标，作为自己超越的对象。

这些特征不仅存在于我们清醒时的生活，而是在所有性格行为中都留有痕迹，而且更容易发生在睡梦中。比如，那种从高处跌落的梦境常常发生在老大身上，因为他们虽然处在优于别人的位置上，却不能保证不会失去。再看老二，他们经常梦见自己与人比赛，比如在参加赛跑、追赶火车、与人比赛骑自行车等。这种匆忙追赶的梦常常给我们以暗示，通过这些我们很容易猜到，做这种梦的人是家中的老二。

但是我们不得不强调，世间万物并非一成不变。老大的行为举止未必都会如此。环境才是起决定性的因素，而不是家庭排行。生活在一个大家庭中的孩子们，较晚出生的也有可能和老大有相似的状况。也许前两个出生的孩子年龄差距很小，而后出生的孩子老三和他们年龄差距较大，然而在老三之后又有其他孩子出生，这样，老三就可能表现出与老大相似的特征。在老四和老五之后的某个孩子身上，同样会出现"老二"的典型表现。如果年龄相近的两个孩子与其他孩子差别较大，老大和老二的特征同样会出现。

如果在与弟弟妹妹的竞争中老大失败了，那么他就会走上错误的人生路途。但是如果老大成为了弟弟妹妹的领导者，那么老二就会成为麻烦的制造者。尤其当老大是男孩而老二是女孩时，老大的位子就更加危险了。如果他被女孩打败了，就会认为失掉了尊严。男孩和女孩之间的竞争比同性之间的竞争更激烈。

女孩在这场比拼中好像更受重视。16岁之前，女孩身心发育都快于男孩。一般情况是哥哥主动放弃，变得懒散萎靡和一蹶不振，例如他用吹牛撒谎等拙劣手段来求胜。此情此景可以断定，胜者一定非女孩莫属。我们看到男孩走向歧途，越陷越深，而女孩的问题则轻松解决，并昂首前进。如果对危机有所预见，并在危机出现之前及时防范，其实这种情形是可以避免的。在一个人人平等、凝聚力十足的家庭中，如此悲惨的结局很难出现。家中不应有对立，也不应为了某个孩子受到威胁而浪费时间去钩心斗角。

老幺（最小的孩子）

家庭中除了最小的孩子，其他孩子都可能有弟弟或妹妹，他们的地位也几乎会受到威胁，但是最小的孩子地位却是固定的。他没有弟弟妹妹，却有很多竞争者。他永远是家里最受宠的孩子。那些因为被惯坏而出现的各种问题都有可能出现在他身上，但是由于他的竞争者最多，受到的鼓励也最大，所以他常常是家中发育最好、进步最快的孩子。从历史经验中我们可以看出，最小的孩子地位往往是一成不变的。在古代的很多事例中我们都发现，很多家中最小的孩子都比他的哥哥姐姐优秀。

家庭支柱经常会是最小的孩子，这一现象绝非偶然。人们对此十分了解，并编了不少故事来盛赞老幺的能力强大。显而易见，老幺会得到全家人的帮助，有很多激发他雄心壮志的事物让他奋力拼搏，而且没人对他背后攻击和分散他的注意力，他的处境非常优越。

但是正如前所述，老幺排在问题儿童的第二位，主要原因则是家庭的溺爱。一个被宠坏了的孩子总是不能够自强自立，他们缺少独自拼搏、争取成功的勇气。老幺们的志向总是远大的，但是志向远大的人却往往性情懒惰。懒惰是壮志冲天与勇气不足的混合体：志向过于远大往往不太现实。老么有时强调自己没有任何理想，因为他希望自己在任何方面都超过他人，他们不希望自己受到任何约束，自高自大。我们同时也能理解，周围的人都比他年长，比他强大，比他有阅历，可见老么背负着巨大的自卑感。

独生子女

独生子女也存在特有的问题。他的竞争对手不是兄弟姐妹，而是父亲。独生子女都会得到母亲特殊的宠爱，母亲怕失去他，想让他时时刻刻成长在自己的保护之下。因此他们会产生"恋母情结"，他们就像母亲的影子一样，整日和母亲相伴，甚至排斥他们的父亲。不过，只要父母同心协力，让孩子的关注力分散在两个人身上，这种情况将不会发生。但是，一般而言，父亲与孩子的联系总是少于母亲的。独生子女有时会表现出和老大相似的情形：他希望战胜父亲，而且喜欢与年长者共事。

独生子女对于是否会有弟弟妹妹出生心生忧虑。如果有人说："你应该有个小弟弟或小妹妹。"他将十分难过。他希望自己永远处于焦点位置，他认为这是他应该得到的权利。一旦有人威胁到他的地位，他就感到忍无可忍。若在日后他失去了焦点的位置，各种考验便随之而来。如果孩子成长在一个万事小心、患得患失的家庭中，同样会对他的成长有所影响。如果父母因为身体条件失去生育能力，我们只能尽力帮他们处理好独生子女的成长问题。但在具有生育能力的家庭，这种患得患失的情况也会存在。这些父母通常胆小悲观，没有勇气承担更多子女的经济负担，致使家庭氛围压抑，孩子为此深受影响。

如果几个孩子出生的时间间隔较大，那么独生子女的特征在每个孩子身上都有体现，此情况并不乐观。经常有人提问："一个家庭要养育子女，其年龄间隔几年最好？年龄相差少点好，还是多点好？"我个人认为，间隔三年左右最好。当孩子三岁时再有弟弟、妹妹出生，那他已懂得一些合作精神，也能理解一个家庭不一定只有一个孩子。但他此时如果只有一两岁，这个道理就无法讲通，他也难以理解我们的意愿，我们因此也不能引导他的心理情绪，让他来面对这个现实。

如果家里只有一个男孩，其他的是女孩，那么这个男孩的境遇也很艰难。假如白天父亲在外，那他就生活在一个女性的包围圈中。他眼中所见只有母亲、姐妹，或许也有女仆，他发现自己与众不同，备感孤独。特别是，当家中女性联合起来与他为敌时更是如此。她们会认为，要在他成长的过程中施以援手，她们也许会警告他别太自以为是，总之，大量的冲突和竞争总在他们之间出现。更糟糕的情况是他在家中排行居中，那只能两边受气。如果他位居老大，妹妹会紧随其后，威胁他的地位。如果他是家中老幺，那么就容易成为被宠儿。

在女孩子中间长大的男孩通常不受别人欢迎，如果让他们学着和其他孩子相处，懂得与他人合作，这种问题就会迎刃而解。否则，长期处在女孩的包围之中，其言行举止可能会带有女孩气。

女性环境不同于男女混合的环境。我们常常发现这样的情形，在没有统一管理的公寓楼中，女孩的房间会被打扫得干干净净，物品摆放得规规矩矩，甚至色彩搭配都相得益彰。但是如果是一群男孩的住处，则会发现脏乱不堪的一幕，那里有破损的家具，杂乱无章的物品，甚至床上堆满了衣服。但是在女性环境中长大的男孩就会有些女孩倾向，也会有些女孩的习惯和特征。

　　同时，这种环境也会让独生子心生厌烦，并极力展现自己的男子汉气概。他认为自己的个性和优越地位不容侵犯，但也免不了有些害怕。他会以坚守态势，暗中摆脱女性的控制。所以这就形成了他向两个极端的方面发展，不是变得强大无比，就是软弱无能。而一个女孩生活在一群男孩中间也会如此，她们不是太过女性化，就是格外男性化，不安和无助常常困扰她的一生。这种情况值得我们研究和调查。再者，这种事情也不会时时发生，所以在尚未深入研究之前，我们切莫妄下定论。

　　在我对一些成人的案例进行研究时，会从中发现很多童年时期的烙印，并且这些事情会让他们终生不忘。家庭地位就是其中之一，这是他们永远无法忘记的。而成长中的困难也大都由家庭关系的僵化和合作精神的缺乏引起。如果我们观察周围的环境，考虑一下为什么我们平时常常看到敌对情绪和竞争现象，我们就会明白，原因是人们都想成为征服者，想超越他人。这种目标的形成和他们童年时期的经历是分不开的，因为这是由那些在家庭中认为自己受到不公平的待遇而激发的一种情感，想时时超越别人。我们要想让孩子改掉身上的这种毛病，就要培养他们的合作精神。

第七章 学校的影响

教育的变革

学校是对家庭教育的弥补。如果父母对于教育孩子的事宜可以独包独揽，也可以让孩子形成正确的人生观、价值观，并让他们顺利解决人生中的各种难题，那么学校的存在就没有任何意义了。古代，家庭承担着孩子的全部教育工作。工匠的儿子可以从父辈或者祖辈那里学习技术和经验。但是，随着社会的发展，社会对人类的要求越来越高，孩子不仅要学习父母教授的知识，还要学习父母身上没有的一些东西，这样不但可以延续父母所传授的技术，还能学习更多的人生哲理，这样才能促进社会的快速发展。

欧洲的学校教育虽然比美国的全面，可以贯穿人生的各个阶段，但是传统教育的欠缺也有目共睹。最初的欧洲，只有皇室或贵族才可接受学校教育，他们也由此变成尊贵的人，其余的人只是安安分分地工作，不敢有他求。后来，对社会有益的人范围越来越大，宗教机构成了教育的主要部门，在这里，人们可以得到关于神学、艺术、科学和其他专业的培养。

如今，科学的进步，使传统的教育方式和现实社会不相适应。

所以，扩大教育范围成为势在必行的事务。以前，村里的校长也许只是鞋匠或裁缝出身，他们上课手持棍棒，常常体罚学生，但是效果并不好。那时的学校，只教授宗教、技术和科学方面的知识，甚至国王也目不识丁。但是，工业革命的兴起，使社会对人类的要求越来越高，即使工人也需要读书、写字、计算、画图。也正是从那时开始，现代化的学校才有了雏形。

但是，这些学校的科目都是应政府的要求而设立，培养的学生也主要是为政府服务的人员，并且还需要这些人能征善战。这就是学校的全部宗旨。我至今还记得这种教育在奥地利出现过一段时间，当时他们会对最底层的民众进行培训，目的就是让他们服从政府的管束、做好自己的本职工作。但是，随着时间的推移，此模式的缺陷越来越明显。工人阶级逐渐壮大，自由的呼声越来越响亮，要求也越来越多。所以，学校开始顺应这种时代要求，逐步形成了现代的教育模式：孩子应该学会自立，应该多多了解关于文学、科学和艺术方面的知识，长大后能够为人类的文明和幸福做出自己的贡献。我们让孩子接受教育，并不仅仅是让他求得一份工作或学习谋生的技能，而是要他们为人类的发展做出自己的贡献。

教师的角色

事实上，那些主张教育改革的人都是想寻找一种让人类合作得更加紧密的方法，只是我们不知道而已。比如，性格的培训就是如此。如果我们怀着这种思想去理解问题，这自然就是顺理成章的事了。但是，从总体而言，性格教育的目的和方法并没有被我们所熟知。这就要求我们的教师不仅要教会孩子们谋生的本领，还要教育孩子有为社会做贡献的思想。所以，教师不仅要知道这是一项非常重要的任务，更要好好地去完成。

性格培养的重要性

如今，对于性格训练的方法并没有成文的规定，所以，还没有什么办法可以很彻底地纠正人性格方面的缺陷。即使是学校这样系统的教育体系，性格方面的培养成效依然不大。在家庭教育中，孩子们已经形成了自己的性格缺陷，即使上学后受到了训练和纠正，但是还常常会犯同样的错误。所以，我们唯一的办法就是提高教师的素质，让他们尽量帮助孩子在学校里健康成长。

为此，我走过很多学校进行调查，最终得出结论：维也纳的学校在这方面收到的效果较好。在世界其他地方，同样有很多心理医生为孩子们看病指导，可是如果他们的观点并不被教师所接受，更不知道实施办法，效果又从何谈起呢？心理医生在为孩子治病的时候，会时常和他们见面，比如两三天见一次，甚至每天见一次，可是他们并不了解孩子在家里和学校的生活环境，所以效果并不显著。心理医生开出一个方子，要孩子加强营养，或者去做甲状腺的治疗。也许她还会给老师以暗示，说这个孩子需要特殊的治疗，但是教师并不知道其中的原因，也不知道怎么做是对的。这时，只有老师真正了解孩子的性格，才会给予他们帮助。所以，心理医生和教师的配合至关重要。教师只有清楚地了解心理医生的目的，并真正地了解孩子的病情，才可以为他们治疗。即使出现了什么意外情况，老师也不至于手忙脚乱、不知所措。要想做到这样，最实用的办法就是像维也纳那样成立各种咨询中心。具体的实施方法我将在后面进行详细论述。

　　一个刚刚踏入校门的孩子，会面临全新的生活考验，他成长过程中的种种缺点会在本次考验下暴露无遗。他需要在这个更为广阔的领域中与人合作。如果他在家中已经习惯了被人宠爱，那么他必定不想离开家人的呵护而去和其他孩子享受平等的地位。所以，我们会发现，那些刚刚步入学校的孩子几乎没有社会责任感。他很可能大哭大闹，想回到父母身边。他对学习和老师没有任何兴趣，他不想听老师的话，因为他只想以自我为中心。我们可想而知，他如果一直维持这种唯我独尊的状态，学习成绩一定不佳。我常常听到父母这样说："自己的孩子在家里原本好好的，可是一进学校就会变得很调皮难缠，于是各种问题纷然而至。"我想，这个孩子在家中的地位一定很高，而家中没有什么约束和考核，所以他的问题基本不会显现出来；步入学校后，不再有他人的宠爱，所以他就会觉得自己成了失败者。

　　有这样一个孩子，他自从第一天入校，就对学习没有任何兴趣，并且总是嘲笑老师说过的话，这样不得不让老师感觉他是一个问题儿童。我曾问他："你为什么总是嘲笑老师所说的话呢？"

　　他说："父母把孩子送到学校就是被人戏弄的，学校会把我们教成傻瓜的。"

　　因为他在家中常常遭受别人的戏弄，所以进入学校后他依然觉得别人在戏弄他。我说，他过于看重自尊的力量，没有人整天想捉弄他。后来，在我的指导下，他开始喜欢学习，成绩也开始上升。

师生关系

教师不但要教授知识，更要发现孩子的问题，并且还要帮孩子的家长纠正错误。有的孩子因为在家里已经学会了关注他人，所以在进入学校后他们会很容易适应这种环境。当然，还有那些没有任何准备就被迫接受新环境的孩子，这时他们就会表现出畏缩不前的状态。他们的反应和动作很迟缓，但这绝非智力问题，他们不知如何去做的原因是根本不知道怎样去适应社会，不知道怎样去与人交往。这时，就需要老师对他们进行帮助，尽快让他们融入新的环境。

那么，老师需要怎样去帮助他们呢？首先是把自己当成一个母亲，与孩子们亲密相处，吸引孩子的注意力。孩子对于他首先接触的人的兴趣大小，会决定他今后改善的好坏程度。训斥和惩罚是绝对不可以用的，因为不会起到任何作用。如果对一个不想融入学校环境的孩子进行训斥和惩罚，就会给孩子一种错觉：我想的没错，学校果然是令人讨厌的地方。以我所见，如果我在学校常常受到老师的惩罚和训斥，肯定不会再愿意和老师碰面，也会尽力让自己逃脱这种环境，不受学校的束缚。

那些逃课、调皮、成绩差、看似愚笨的孩子们讨厌学校的原因多数是人为造成的。他们并非天生愚笨，因为在编造逃学理由和模仿家长笔迹方面，他们总是比别人略高一筹，然而在学校几乎没有人肯定他们的优点。走出校园，他们就会和其他逃学的孩子混在一起，在这里他得到的赞扬总是多于在学校的。所以，和他们在一起，他会有一种成就感，认为能够显现自己价值的地方不是学校，而是在他们这个群体中。从中我们就了解了，那些在班里被人看成另类的孩子为什么总是容易被犯罪分子诱骗。

引发孩子的学习兴趣

老师若想吸引孩子的注意力，就要知道这个孩子以前对什么感兴趣，并且要告诉他，不管是在以前感兴趣的方面还是其他方面，他都会取得很好的成就。如果孩子对某一件事充满了自信，那么对其他事物同样会有信心。所以，我们需要知道这个孩子最初认知世界的方式，是什么吸引了他们的注意力，以及他们的优势所在。有的孩子喜欢观察，有的喜欢聆听，有的则极为好动。视觉型的孩子会对那些运用眼睛的方面感兴趣，比如地理或绘画。但是如果他们没有机会在视觉方面发挥作用，接受知识就会很慢。比如，他们总是不能集中精力听老师讲课。这时，他们就有可能被认为是因为遗传因素造成的智力有问题或者天分不佳。

在这一问题上，家长和老师当然是有责任的，因为他们根本不知道孩子的兴趣所在，更别说正确地引导了。在此，我并不是说要对孩子的早期教育进行特殊培训，但是我们可以根据他们的兴趣，培养他们对其他方面的兴趣。现在，有一些学校开始采用调动多种器官的授课方式。比如，将绘画和模型相结合，这种教学方法应该大力推崇。其实，我们应该将课程放在社会大背景下去教授，这样可以帮助孩子懂得课程的实用价值和学习的目的。有的人常常这样问：我们让孩子记住事实重要，还是培养他们独立思考的能力重要？其实，这两者并不能分开来看，他们是有机结合的整体。比如，在教授数学的时候和盖房子的事实结合在一起，让孩子去计算用木材的数量、住人的数量等，这样对教育孩子有很大的益处。

在教学过程中，我们常常将多学科相结合进行分析，还会将教学内容和日常生活中的事务联系在一起。比如，老师和孩子在一起散步，在路上帮他们认识各种植物的名称、结构、用处、习性，气候对它们的影响，景观的物理特征，农业的历史等，从而找到孩子的兴趣所在。当然，前提条件是老师对孩子的爱心是真诚的，否则一切将无从谈起，更别提教育了。

课堂里的合作与竞争

在现行的教育模式下，我们常常发现，孩子在刚刚进入学校之时，心理上对于竞争的准备远远比合作的准备充足。这种竞争的思想在孩子上学的全过程都会存在。这并不是一个好的现象，如果那些优秀的孩子超过了其他孩子，并不能代表他就比那些成绩不佳的孩子痛苦少。这都是由他们个人的自私心理造成的。他们的目的并不是合作和贡献，而是获得自己的利益。比如，家庭是一个整体，成员之间也是平等的关系，在学校中的学生也同样应该是平等的关系。如果让孩子认识到这一点，他们才可能互相合作，互相帮助。

我曾遇到过的很多问题儿童，后来经过与同学的合作，改变了自己的人生态度。在此，我举一个特殊的例子：一个孩子在家中并不被宠爱，所以他觉得人人与之相对；当进入学校后，他依然有这样的想法，认为没有人对他友好。因为成绩差，他在家里常常受到父母的训斥，其实这是极为常见的事情。在学校考试的分数很低，受到老师的责骂；回家后，又会招来父母的斥责。其实只一次责骂就已经够受的了，何况两次呢？由此，孩子开始变得绝望，开始在班里调皮，致使成绩越来越差。后来，他遇到了一位老师，这位老师很了解他的处境，于是给予了他很大的帮助。老师向所有的同学们解释了他认为所有同学都对他不友善的原因。所以，同学们开始主动接近他，让他感受到了他们的善意和温暖。最后，这个孩子在成绩上和行为上都有了巨大的进步。

有的人可能怀疑孩子们是不是真的可以理解并帮助他人，但是我却认为，孩子们比长辈更能理解他们同龄人的心情。我曾接待过这样一家人，一个母亲带着一个三岁的男孩和一个两岁的女孩。女孩爬上了桌子，妈妈吓得不敢动弹，颤抖着声音说："快点下来！"可是，女孩没有任何反应。这时，小男孩上前说道："站在那里，不要乱动！"结果女孩却主动爬了下来。因为孩子更能理解自己需要的是什么，这种要求是不为长辈所知的。

让学生自行管理班级，是培养合作精神的一个良好的方法，当然，这种行为要在老师的监督和指导下进行，千万不能出什么大事，并且我们还要肯定孩子们有自行管理的能力。否则，孩子们将认为这是一种游戏，行事过于随意，这样就会造成他们比老师更厉害，或者利用职权攻击别人，让自己高人一等。结果适得其反。

一般情况下，我们总是用各种各样的测试来测定孩子的智商、性格和社交能力。我们不得不承认，有些测试对孩子们的确有利。比如，一个男孩的学习成绩很差，老师想让他留级，最后通过测试发现他并不是智力低下的孩子，所以又让他继续升级。我们应该明白，孩子潜力的大小是无法预测出来的。智商只能表明这个孩子有无问题，并帮助他尽快解决。以我之见，只要不是智力特别低下，在测验中只要懂得了做题技巧，结果就会有所改变。我发现，在智力测验类的题中，孩子们总能很轻易地找到其中的规律，增加做题经验，这样他们所测出的智商当然很高。总之，智商的测试和孩子未来的潜力是没有根本联系的，这既不是天生就有的，也不是一生不变的。

对于测试的结果，是不应该让孩子或其父母得知的。因为他们并不了解测试的最终目的，会误认为这一结果极具代表性。教育中的最大问题不是孩子行为上的限制，而是思想中的限制。如果孩子知道了自己智商测试的结果很低，就会越来越失望，就会以为自己永远不会有大的成就。在教育过程中，我们应该让孩子增加对自己的兴趣和自信，并消除他心中给自己的束缚。

其实，成绩单同样应该如此。老师将成绩单交到差生手中时，他们也许会觉得孩子们会以此来激励自己。可是，在那些父母很严厉的家庭中，差生是很惧怕成绩单的，他们拿到成绩单会妄加涂改或者不敢回家，甚至产生极端的想法，比如自杀。所以，老师虽然不能去干涉学生的家庭生活，但是这些是他们必须想到的结果。

对于那些对孩子寄予厚望的家长来说，一张很差的成绩单就可能让他们暴跳如雷。如果老师可以宽容一点，也许就是对孩子的最大鼓舞，以后可能会取得不错的成绩。一个考试成绩常常不尽如人意的孩子，会被人们公认为差生，那么他自己也会失去自信，并且认为自己永远不会优秀。但事实上，即使最差的孩子也有进步的可能，很多卓越的人才并非从始至终学习优秀。这些事例告诉我们：即使是学校中的差生，只要拥有自信，同样可以取得巨大的成功。

我发现了一个很奇怪的现象：不用成绩单的帮助，孩子们就可以准确地对其他孩子的能力进行测定。他们知道谁的特长是算术，谁的特长是绘画，谁的特长是体育等，并且知道他们的成绩如何。但是，我们常常错误地认为这种成绩是固定不变的，遇到那些成绩很好的人，我们就觉得自己远比不上他。如果孩子的脑海中一直有这种思想存在，那么他就注定一生不会有所作为。长大成人后，他仍然觉得自己不如他人，并极力寻找自己与他人之间的差距。

在学校里常常有这样一种现象，优等生、中等生和劣等生的成绩、名次总是在自己的范围内徘徊不变。其实这并不是什么天生遗传的因素所致，而是因为他们的思想束缚了自己的能力，他们以为自己就是这样的人，永不能进步，也永不会后退。我们也会看到这种情况，即原来的差生会在一段时间内突然间跃入优等生的行列。所以，我们应该让孩子明白，是自己的思想束缚了自己的发展，老师和孩子都不应该拿这句话来作为理由：遗传决定着一个人的智力和能力。

先天因素与后天培养

遗传决定成长的迷信观点，是教育领域的各种错误中危害最大的。父母或老师会常常以此为借口推卸自己的责任，他们认为一切都是遗传的原因，自己对孩子的成长和发展可以不负任何责任。我们应该极力反对这种逃避责任的行为，如果遗传决定着人的智力和能力，那么在学生时期的差生注定以后也不会有所作为，但事实并非如此。所以，老师或父母应该知道自己在孩子的成长过程中所起的巨大作用，不能逃避责任、对孩子不闻不问。

在此我说的遗传，并不包括身体缺陷的遗传。因为个体心理学所研究的只是大脑发育的遗传问题，身体有缺陷的孩子注定在行动上会受到一些限制，所以他们的思想也会有所顾虑。其实，身体的缺陷并不会影响智力的发展，只会影响到他们对残疾和身体发育的看法。所以，当一个孩子在身体上有缺陷的时候，我们一定要让他知道这并不会影响其智力和能力的发展，这一点极其重要。之前我已经提到，身体的残疾可能会成为激发他潜能的巨大动力，也可能会成为阻碍他发展的最大障碍。

我首次将这一观点公之于众的时候，遭到了很多人的攻击，他们说这是我的一己之见，没有任何科学依据，也不符合客观事实。然而，这是我亲身体验得出的结论，并且这种结论的正确性已被逐渐证实。如今很多精神病专家和心理学专家也对此持肯定的态度，且摒弃了流传了几千年的遗传学观点。人们在推脱自己的责任和用宿命论解释人类的行为时，遗传论的观点便会被引出。他们认为孩子的善恶在出生的那一刻就已经决定了。这纯属谬论，只不过是人们为了逃避责任的一种借口而已。

事实上，"善"与"恶"与其他性格一样，都是在特定环境下产生的。他们是人类在特定的环境中相互产生的结果，其实这是对另一种行为的判断：此人的行为是"为他人着想"，还是"只为自己着想"。孩子在刚刚出生的时候，根本没有这方面的意识。在出生后，他有选择发展方向的潜能，而且在以后成长的过程中周围的环境和人生的态度会对他的选择起到很大的作用，促使他选择怎样的方法，而教育在其中具有很大的影响。

智力的遗传亦是如此。我们已经知道，兴趣是影响智力发展的最大因素，然而影响兴趣的因素并非遗传，而是缺乏自信和害怕失败。可以肯定，大脑的结构是由遗传而来的，可是它不是思维产生的源头，而是一种思维的工具。如今看来，大脑的缺陷并非无法改变，通过适当的训练我们完全可以得到弥补。杰出之人才所具有的并非超出常人的基因，而是永不停歇的兴趣和努力。

即使有的家庭中祖祖辈辈都会有杰出的人物，但仍不能将其原因归于遗传。这是家庭中的人员互相激励的结果，也许家庭的传统使孩子具有了继承前人业绩的思想，在实践中他们也会不断培养自己的能力。我们都知道"有机化学之父"李比希的父亲曾是药店的老板，当然我们也不能说李比希的化学才能是遗传父亲所致。经过进一步研究，我们会发现，他的爱好完全源于对周围环境的浓厚兴趣，在同龄的孩子对化学还一无所知时，他已经对此异常熟悉了。

虽然莫扎特的父母异常喜欢音乐，但他的音乐成就也并非遗传所致。因为他的父母希望他取得音乐方面的成就，给予了他很多鼓励，所以良好的音乐环境是他取得成就的基础。在众多杰出人物身上，我们都发现了"起步较早"的现象。在四五岁的时候他们就开始弹钢琴，在很小的时候就将家中的事写成故事。他们的兴趣会一直保持，他们接受的训练也是自然而广泛的，他们信心十足且异常坚定。

孩子们都会将自己的能力限制在某一个范围之内，如果老师认为这是无法改变的，他们就不会帮孩子发展。如果老师说一句"你没有数学天赋"，这样极其简单的一句话就可能使孩子失去信心。我曾亲身经历过这样的事情：在学校里的很多年间，我都是数学很差的一名学生，我也确定自己在数学方面没有任何天赋。但是，有一天，我将老师都不会解的一道题完整地做完，这一次让我完全改变了之前的态度。我开始由厌恶数学变成喜欢数学，并且一直在寻找提高数学成绩的每一个机会。后来，我的数学成绩在学校里开始名列前茅。所以，我的亲身经历推翻了所有特殊天才论和先天能力论的错误观点。

个性发展

知道怎样了解孩子的人，可以很轻松地辨别孩子的不同性格和对待人生的态度。从一个孩子的行为、姿势、观察方式、聆听方式、与其他孩子的距离、交友的态度、受关注的程度、注意力等方面，可以知道这个孩子的合作能力如何。一个常常将作业本或课本乱扔乱放的孩子，必定对学习没有兴趣，这就需要我们找出他们不爱学习的原因。一个不爱和同学一起玩耍的孩子，内心一定是孤单和自私的。在写作业时总是寻求帮助的孩子，独立性欠佳，他们时时都想得到别人的支持和帮助。

有些孩子只有在赞美和表扬下才会去做作业。很多被家人过于宠爱的孩子只有得到老师的关注，才会好好学习；如果老师忽略了他，问题就会立刻出现。他们在不受关注之时，会失去任何兴趣和信心。这样的孩子在数学方面常常表现不好，他们往往对定式和规则记得很熟练，可一旦运用，就有些不知所为了。

孩子总是乞求家长的帮助和支持，看起来并不是什么大错，可是对我们以后的生活却有着巨大的危害。如果他们的这种行为一直持续，长大后也定会一直乞求他人的帮助和支持。只要遇到人生的难题，他们首先想到的便是别人。这样的人不会对社会有所贡献，反而会成为社会和同伴的负担。

还有另外一种孩子，他们时时想赢得别人的关注，一旦被人忽略，他们就会以恶作剧、调皮捣蛋、带坏其他孩子、让大家厌恶的方式达到目的。训斥和惩罚对这样的人来说没有任何作用，还会适得其反。他们宁愿被惩罚，也不想被忽略。他们的恶劣行为只不过想换来别人的关注。很多孩子将惩罚看成一种挑战或比赛，在这种比赛中他们会和你对峙，看谁持续的时间更长。最后，胜利的人常常是他们，因为他们掌控着事情的结果。这样的孩子在遇到父母和老师的训斥时，并没有表现出愁眉苦脸的表情，而是笑脸相对。

懒惰的孩子，除非他们让自己懒惰是为了对抗自己的老师或父母，否则他定是有远大志向但是害怕受挫的孩子。每个人对于成功的定义不尽相同，当我们遇到一个将任何事都看成失败的孩子时，定会感到吃惊。有人认为，只要不能超过所有人，就是一种失败。懒惰的孩子根本就不知道什么是真正的失败，因为他们没有接受过任何真正的考验，他们总是处处逃避困难，并且很难决定是不是应该与人一决高下。别人会想：如果这个孩子不是因为懒惰，可能会克服一切困难的。而这正好也为他自己找到了躲避问题的理由，他们会说："如果我努力去做，什么事都可以做成。"但是当遭遇失败，他们又会找到新的理由："并非我没有能力，只不过是有些懒而已。"以此来赢得自尊。

有时，老师会对那些懒惰的学生说："其实你很聪明，只要你勤奋一些定会成为班里最好的学生。"这样的评语无疑是对他的一种肯定，他也会因此赢得同学们的关注和羡慕。那么，既然不努力也可以赢得别人的赞扬，还要努力做什么呢？也许在他变得不再懒惰的时候，人们就会明白他并不是什么"身怀绝技"之人。此时，别人再不会认为他是有能力的，只是出于懒惰不想发挥而已，而是开始根据他的成绩评判此人的成就。懒惰的孩子还有一点好处：即使取得一点小小的成功，也会得到别人的称赞。人人都希望这些赞扬成为激励他们取得更大成功的动力，所以不住地给予他们夸奖，但是如果同样的成就发生在勤奋的孩子身上，也许并没有人会在意。所以，懒惰的孩子就这样在别人的期待中生活。他们从小就形成了依靠他人的习惯。

还有一种孩子容易引起我们的注意，那就是在孩子中间总是充当领导角色的人。人类无论何时都不能没有带头的领导，但是真正需要的是那种顾全大局的领导，然而这样的人却不多。喜欢领导同伴的孩子们只是喜欢那种领导别人、驾驭别人的情境，只有在这种情况下，他才会参与其中。所以，这类孩子的未来并不令人乐观。在以后的生活中他们会遇到各种各样的烦心事。如果同是这种性格的人走到一起，不管是结婚、经商或是交友，其结果不是悲剧就是闹剧。他们都想控制对方，让自己成为对方的领导人。有时，一个孩子总是以领导的身份指派家人做这做那的时候，人们总是觉得很好玩，并任其发展下去。可是，我们很快就会发现，这种做法对培养良好的性格并无益处，也不利于他们融入社会。

当然，孩子们性格各异，类型众多，我们不可将他们拘于一种类型或者模式。我们要做的是尽量帮他们纠正有可能导致失败或错误的坏毛病，这种毛病在童年时期比较容易改掉。如果任其发展，等孩子长大成人后定会对他们造成极为不利的影响。童年时期的毛病和成人之后的失败有.着不可忽视的联系，因为那些神经官能症、酗酒者、犯人或自杀者，大都是没有合作精神的孩子。

焦虑性神经官能症的孩子会害怕黑暗、陌生人和新环境。忧郁症的病人在儿时总是爱哭闹。在现实环境中，我们无法做到去每一位父母身边帮他们纠正错误，尤其是那些最需要得到建议却从不接受咨询的人。但是我们却可以走近老师，让他们防止孩子犯错或对孩子已有的错误进行纠正，同时，让他们成为独立自主、富有激情、乐于合作的人。这也是谋求人类幸福的最大保障。

对教学工作的观察

如果班级很大，里面会有很多不同类型的孩子，这对于我们了解他们的性格更加有利。但是也有其不利之处：有些孩子的问题被隐藏起来，所以更加难以找到合理的解决方法。这就要求我们的老师对每一个学生的性格进行了解，否则根本无法培养他们的合作互助精神。我个人认为，在几年之内孩子都跟随一个老师，对孩子是极为有利的。有些学校，一个学期就要更换一次老师，这样就使得老师无法真正融入到孩子中间，也不能发现孩子身上的问题，纠正错误就更无从谈起了，这样对孩子的成长极为不利。如果在三四年的时间里孩子们都跟随一个老师，那么老师就可以纠正他们的错误并帮助他们培养正确的人生态度，这样的班级也会更加团结。

一般来说，跳级并不是一个好现象，这样会将更多超出现实的愿望压在孩子身上。如果班里的某位同学年龄长于他人或者智力发展较快，我们往往想到让他跳级。可是，如果这个班级原本很团结，这个凸显优秀的孩子就会对带动其他孩子有很大的益处，也会让其他孩子突飞猛进地发展。但是，如果将这个孩子调离班级，显然对班里的其他孩子并不公平。我想建议这些出类拔萃的孩子课外去参加一些其他的培训，比如画画等。他在这些方面取得成就的话也会带动其他孩子在这方面的兴趣，从而激励他们发展前进。

可是最坏的情形还是留级。所有老师都这样认为：留级的孩子在家中或学校都是问题儿童。也许这并不是绝对的。因为有些在班里安安静静地待着、不会制造出任何麻烦的孩子也会留级。但是绝大多数并不是这样的，他们是班里最调皮难管的孩子，且成绩很差。他们被同学们轻视，自己对自己也没有信心。虽然这种方法是有害无益的，但是目前我们的很多学校都存在这种现象，可见这一问题并不容易解决。如果想帮助这些孩子，唯一的办法是，借假期时间，老师帮助这些孩子找到他们形成错误人生态度的原因，并帮助他们改正。如果这些孩子认识到了自己的错误所在，也许会加以改正，然后在下一个学期好好学习，让自己的成绩追上去，并快速前进。

　　不管在哪儿，只要我看到人们根据智力将孩子分成优生、差生，我就会想到一种情形。这是我在欧洲看到的一种情况，不知道美国是否存在。在慢班中，聚集的全是智力低下的孩子和穷人的孩子；而在快班中，主要是有钱人家的孩子。这样的分配显然并不公平。穷人的孩子学前教育原本就比不上富人的孩子，因为他们的父母没有时间去教他们，甚至父母基本没有受过教育，又何谈教育孩子。

　　在我看来，学前教育欠缺的孩子被分到慢班显然并不合适。因为一个合格的教师完全知道该如何弥补学前教育的缺失——让这些孩子和那些受过良好教育的孩子在一起。如果将这些孩子分到慢班，我们可想而知——快班的孩子会鄙视他们，这样就会让他们越来越失落，也会让他们的人生态度变得扭曲。

　　其实，学校教育中还有一个不可忽视的方面：性教育。这是一个很复杂的问题。老师不能在课堂上对学生堂而皇之地提及这一问题，因为这样并不能保证所有的孩子都能正确地理解他的意思。这样做，也许会引起孩子们的兴趣，但是并不知道他们是否已经准备好接受这方面的知识，也不会知道孩子会不会将这些只是与自己的人生态度相联系。如果孩子想知道更多关于性方面的知识，老师应该直言不讳地回答，这样就会知道孩子想要的是什么，也就可以为孩子指明正确的方向。当然，如果在课堂上反复强调这个问题，会产生很多不利的方面；如果过于忽视，又会让孩子们误以为性是不值得关注的，也是没有益处的。

第八章　青春期的引导

青春期的特点

　　有关青春期的书籍被图书馆大量收藏，且几乎所有的书籍都认为青春期是形成个人性格的关键时期。青春期的确有一些危险存在，但是如果说这种危险可以改变人的性格则根据不足。孩子在青春期的成长中要面对新环境，迎接新问题，生活好像离自己越来越近，一直隐藏的错误人生态度也逐渐暴露。虽然在之前这些错误也会被经验丰富的人看穿，然而，随着青春期来临，错误会更加明显，此时就再不能熟视无睹了。

心理方面的特征

　　青春期对每个孩子而言，最主要的就是证明自己已经长大。如果我们真正能够使他相信这是水到渠成之事，就可以减轻其很多压力。如果非要迫切地证明自己的成熟，他们就会不可避免地将自己的意图强烈地表现出来。

　　青春期的孩子常常表现出一些不同的行为——想自立、与成人平等的性格、成熟的气质。他们的这种行为往往是由于他们对"长大"的理解决定的。如果在他们心中"长大"就是不受约束,他们就会为所欲为。并且这是青春期的一个常见现象。还有很多孩子还会学着抽烟、喝酒、骂人或夜不归宿。有的人会与父母为敌,致使父母对自己一向顺从的孩子感到疑惑。其实并非孩子对父母有了另一种态度,而是在孩子心中一直在和父母作对,只是在他们有对抗能力的时候才表现出来。平时经常被父亲训斥和打骂的男孩,看似很顺从,其实内心一直在叛逆,他正在等待报复的机会,等到他以为自己有能力对抗的时候,就会公然与父亲作对,甚至离家出走。

一般来说,青春期的孩子会获得更大的自由。父母会认为他们已经长大,不再过分管束。如果父母继续强制管理,他们就会设法脱离控制。父母想让孩子知道他们还小,可是孩子却一再表明自己已经长大。这样就会让孩子形成一种叛逆心理,即我们所说的"青春期反叛"。

身体方面的特征

青春期的时间跨度我们尚无法严格界定,大多数孩子是从 14 岁左右开始,一直到 20 岁,然而也有少数是从十一二岁就开始了。此时,孩子的身体会有较大的变化,也可能导致发育的不协调。比如,他们的身体和手脚都比之前要大,身体不再机灵。这时就需要他们增加运动量,让其更加协调。在这一过程中,如果他们受到了别人的嘲笑或指责,就会认为自己是一个天生笨拙的人。如果一个孩子因为动作僵硬被人耻笑,就会变得笨手笨脚。

在孩子的发育过程中,内分泌腺的作用也不可忽视,虽然这种内分泌腺在婴儿时期就已经具有，但是进入青春期后，它们开始变得异常活跃，分泌越来越多，从而带动了第二特征出现：男孩长出胡须，声音变粗；女孩变得丰满，更接近成熟女性。可是这些事往往让孩子们不安和恐惧。

自我挑战

如果孩子还没有做好准备应对成年生活的到来，当遇到友情、爱情和事业的问题时，他们就会变得不知所措。他们认为自己根本无法解决这些问题，于是变得胆小怕事，不敢面对，只想独自紧闭。在工作方面，他会认为自己不会有任何成就，因为他对任何事都不感兴趣。在爱情和婚姻上，他会害怕与异性相处甚至相见。在与人交谈时，他们会脸红，说话结巴，不能流利地表达自己的意思。所以，他就会日渐绝望。

这种人属于极端案例中的一种，他们面对人生的问题时根本无法应对，他们的行为也不会被众人所理解。他不看别人，不与人交谈，也不听别人的谈话；他不工作，不学习；只想隐退到一个自己想象的理想社会中，做一些令人作呕的自慰行为。这是精神分裂症的一个症状，但是这也只是一个错误。如果这时我们指出他的错误之处，并对他进行鼓励，让他走上正确的道路，他的病就会痊愈。但是，这个问题并不容易解决，因为我们必须以科学的视角去分析他的过去、现在和未来，必须把他成长过程中的所有问题一一改正。

青春期问题的出现，都是因为在人生的三大问题上没有得到很好的培训。如果孩子对未来没有自信，必定会选择最便捷简单的方法。但是，这些方法往往无法取得良好的效果。此时，如果我们采用批评、施压或警告的方法，他就会觉得自己不能自拔。我们越想让他前进，他们就越向后退。此时除了鼓励之外，任何方法都是不起作用的，甚至还会有相反的效果。他们失望、悲观和恐惧的心灵注定他们无法自己独立向上发展。

青春期问题

被溺爱的孩子

据我所知，在家中被宠坏的孩子，青春期的问题会越发严重。这一点我们很容易理解：那些事事由父母承担的孩子，很难独自肩负起成人的责任。不管在哪里，他都想成为众人的焦点，但是随着慢慢长大，他们就会感觉到自己不再是受人关注的对象，所以他们觉得被生活所欺骗，让他们变得如此惨败。他们在自己内心的温馨世界中成长，认为周围的世界都是冷漠无情的。

沉溺于童年

在这一时期，有些人仍沉溺于幼年的幻想之中，他们会装嫩扮稚，用儿童腔调说话，甚至和更小的孩子玩耍。但多数人还是想让自己的言行举止表现出成人的风范。如果没有足够的勇气，他们就会亦步亦趋地模仿大人：如学那些多金男人挥霍奢侈，并且开始招蜂引蝶，喜欢制造各种风流韵事。

轻微犯罪

在那些不易处理的案件中，常常出现这种情况：当一个孩子还没弄懂怎样处理生活中的问题时，就开始肆意而为，从而导致了犯罪。这可能是因为他们所做的某些坏事没有被发现，并且认为自己聪明到不会让人发现。在出现生活问题时，尤其是在经济拮据之时，他们往往会产生犯罪的念头或行为，这是他们逃避生活的唯一捷径。所以，少年犯罪都是处在青春发育期的孩子。此时，我们看到的并不是一个新的问题，而是在较大的压力下，积聚在儿童时期的某种激流被激发了出来。

神经官能症

那些不爱交际、比较内向的孩子，总是爱患上神经官能症，这样的人总是自我感觉良好，并且为自己的种种作为寻找各种各样的理由，这同样是他们逃避生活的一种方法。很多孩子在青春期的时候表现出了神经官能症或精神失常的一些症状。当一个人在社会中遇上了麻烦却没有办法解决的时候，就会患上神经官能症，从而导致精神方面产生巨大的压力。这种压力在青春期会异常敏感，它会刺激所有的器官，也会影响所有的神经。这种身体的不适就自然而然地成为了那些病人的借口。所以，这种人常常在心中认为，因为自己身体欠佳，所以可以不对任何事负责。这样就将神经官能症的症状全部表现了出来。

那些神经官能症病人总是说自己想做好每一件事，说自己愿意承担人生的责任，说自己可以面对人生中的各种问题。可是一旦问题摆在面前，他们就会将自己之前的想法一推了之，转而拿病情作为搪塞的理由。这样就好像在告诉别人："我想解决生活中的问题，但是很无奈，我有心无力。"在这一点上，它和罪犯大大相反。罪犯是将自己的恶意统统暴露，也没有责任感的认识。可是，我们很难区分到底哪种人最无法感受到人生的幸福：神经官能症患者，他们的思想不坏，可是行为恶劣，不为他人着想，且不愿与人合作；罪犯，思想恶劣，但是还稍微有些责任感，并且精神受它的痛苦折磨。

神经官能症患者自称做事情想精益求精，同时明白需要担负社会责任以及正视人生问题。但一旦问题降临，这一人生准则立刻被他们抛至九霄云外，而神经官能症，正是他们的救命稻草。他的人生态度好像是："我也想全力以赴解决问题，但不幸我实在无能为力。"这一点他不同于罪犯。罪犯通常恶意尽露，社会责任麻木不仁。因此难以判定，最危及人类幸福的，到底是哪种情况：神经官能症患者往往意图好但行为恶劣自私，从而妨碍与他人的合作；而罪犯，虽然对他人充满敌意，依稀残存的社会责任感却在痛苦中压抑。

与预期相悖

当孩子进入青春发育期，我们常常会发现有一些事情开始朝着相反的方向发展。很多以前学习很好的孩子成绩开始下降，那些资质平平的孩子学习成绩反而开始超过他们，且产生让人意想不到的效果。其实这种现象并非与之前大大相反。也许那些学习不错的孩子在进入青春期后开始害怕自己的学业不如别人，这时如果有别人的肯定和赞扬，他们就仍可以继续维持好的成绩，但是如果让他自己担起学习的重任，他们就会变得畏畏缩缩，勇气不足。有的孩子则因为青春期的自由变得信心十足，他们憧憬着一条美好的大道，通向光明的未来，他们的脑海中总是浮现出新的想法和计划。他们有了更强的创造力，对各方面的感觉也更加敏锐，对事物充满了激情。这些孩子是坚毅勇敢的，他们并不畏惧自立带来的困难和风险，他们会在困难面前创造更多的机会和成就。

渴望赞赏与认同

那些在家中自认为被人忽视的孩子，如果与人建立了友谊，就非常希望得到别人的称赞。他们会不断地寻求这种称赞。如果男孩子表现出这种情形，将是很危险的。如果是女孩，她们会失去自信，在她们看来，只有得到别人的称赞才能表现出自己的价值，她们很容易对那些大献殷勤的男人投怀送抱。我见过很多这样的事例，有些女孩在家中不受父母的宠爱，往往很早就有了性行为，这样做不仅表明自己已经长大，更表现了她们的爱慕虚荣，她认为这样可以赢得别人的关注和赞许。

有这样一个女孩，出生在一个贫苦的家庭中。她有一个酷爱生病的哥哥，所以，母亲的心思基本上都投到了哥哥身上，在无意中就对她有些忽视。更为不幸的是，在她的童年时期，父亲也得了病，这样母亲就更没有时间去照顾她了。

所以，这个女孩一直在寻求一种被人呵护的感觉，因为在家里她从没有享受过这种待遇。后来，她父亲的病总算好了，可是母亲又为她生下了一个妹妹，由此，妹妹自然而然就成了母亲的焦点。所以，在这个女孩看来，她是家里最不受关注的人。但是她却一直做得很好，不管在家还是在学校。因为成绩优异，家人顺理成章地一直让她继续着学业，于是将她送入了高中。高中的老师并不知道她的情况，她也因接受不了新学校的教学方法，成绩开始一路下滑。所以，老师的批评也就在所难免，于是她变得很失落。她想得到别人的赞扬，可是不管在家里还是学校，没有人去赞扬她，她又有什么希望呢？

于是，她开始寻找喜欢自己的男人。在与一个男人相处了几次之后，她就离开了家，和男人过起了同居的生活。在和男人同居的两周时间里，她的家人异常焦急，一直在找她。结果正如我们所想的，她没有得到应有的尊重，于是她开始懊悔自己陷入了这样一段感情中。

后来，她想到了自杀，于是，她给家里寄去了一封信，写道："我已经吃了毒药，但是你们不用担心，因为我很高兴。"其实，她并没有这样做，因为她心里很清楚，父母仍然爱着她，她还可以赢得他们的关注。所以她没有做傻事，只想让母亲来找她，然后带她回家。假如当初女孩明白自己的一切行动只不过是想得到他人的欣赏，也许就不会有这么多的事情发生了。如果在高中时期，老师对她的了解较多，也许也不至于出现现在的这种情形。高中之前女孩的成绩一直很优异，如果她的高中老师知道她是一个对成绩极为关注的人，也许并不会采取之前的方法，也就不会让她对生活失去希望。

还有这样一个案例：一对性格软弱的父母很希望以后生下一个男孩，可不幸的是，他们却有了一个女儿。由于父母有着男尊女卑的陈旧观念，所以他们并不喜欢自己的孩子，这就注定了孩子在这个家庭中不会得到应有的关爱。并且，她常常听到母亲这样对父亲说："这个孩子没有一点讨人喜欢的地方，长大后也不会受人欢迎的。"或者说："如果她长大了，我们要怎么办呢？"十多年的时间里，她一直处在这样一个环境中。有一次，她发现了母亲的一位朋友写给母亲的信，说不要总为有一个女儿而悲伤，她还年轻，以后还可以再要男孩的。

　　我们可以想到女孩看到信后的心情。几个月之后，她去乡下看望自己的叔叔，在那里，她结识了一个有些呆傻的男孩，并和他谈起了恋爱。她对男孩付出了很多，后来，男孩离开了她，致使她异常痛苦。后来，她患上了焦虑性神经官能症，从此不敢一个人出门，于是她找到了我。当因为性别她不能得到家人的关注时，她就开始转向其他的办法。她用自己的痛苦来折磨着家人，赢得他们的关注。她总是哭闹，还常常说自己要自杀，并以此来威胁家人。我们想帮助女孩认识到自己的处境，也想让她明白在青春期她过度重视了自己之前的思想——一直被别人忽视，可是我们很难做到。

青少年性心理健康

　　两性关系常常被处在青春发育期的孩子们夸大或过度在意。他们想以此证明自己已经不再幼稚，但结果往往事与愿违。比如，一个女孩与母亲发生了争吵，她总是感觉母亲对她管束得太多。此时，她就有可能随便找一个男人与之发生性关系，以此来表示对母亲的叛逆。母亲会不会知道此事并不是她要考虑的，尤其是当母亲发觉后并为之不安时，她才达到了真正的目的。所以，我经常看到一些女孩子们和母亲吵架后跑出来发泄，和他遇到的第一个男人发生性关系。这些孩子平时表现得很乖，家教也不错，我们几乎不敢相信她们会有这样的行为。然而，错误也不能全归于女孩身上，只不过是思想上的误解：她们认为自己被家人忽视，低人一头，似乎只有这样才能体现出她的优势。

男性倾慕

很多在家庭中被宠爱的女孩很难适应自己做女人的角色，因为有一种思想占据了她们的脑海，认为女性总比不上男性强势，所以这就致使女孩不想让自己转变为女人，我将这种思想称为"男性倾向"。女孩对于"男性倾向"的表现形式多种多样，有时她们会躲避或讨厌男性；有时她们则喜欢和男性交往，可是与男性在一起的时候又往往表现出自己的拘谨。她们不敢主动接近男性，也不想参加有男性出现的各种聚会，并且当听到关于性的话题她们就会变得不安。随着年龄的增长，她们虽然嘴上也说自己想步入婚姻，可是却从来不接触男性，也不去和男性交往。

处在青春期的女孩子们，也许对女性角色的反感更加强烈。所以，此时她们常常去做一些类似男孩的行为，比如抽烟、喝酒、骂人、打架、广交"朋友"、放纵自我等，她们总认为这样才会引起男孩的兴趣。

如果以上行为还不足以表达她们对女性的反感，就会让自己发展成同性恋、卖身或者进行不合常理的性行为。几乎所有的妓女都有"不悦"的童年（其实有的只是自己的想象，并非事实），她们认为无人关心重视自己，先天条件就不如人，永远不会得到男性的疼爱。到如今，我们对于她们为什么看轻自己，为什么自暴自弃，为什么对自己的身体和性行为毫不负责也就有所了解了。其实并非只有青春期才有这种对女性角色的反感，处于童年时期的孩子同样如此，虽然她们没有这么做的必要和机会，但是这种思想确实已经在她们的脑海中了。

　　并非只有女孩才对男性有崇拜之情，那些认为男性过于高尚的男孩子们也都高估了男性的强势，并且常常产生这样的疑问：我长大后会不会成为阳刚气十足的男人？我们的文化也同样为那些崇尚阳刚的男孩子们带来了困惑，尤其是他们不能把握自己是否可以成功地转变为男性时。不少孩子到几岁之后，还有些弄不明白，自己的性别以后会不会得到转变。所以，在孩子两岁的时候，你要明确地告诉他自己是男孩还是女孩，这是极其重要的。

　　长相有些像女孩的男孩子总会度过一段痛苦的时光，因为别人总是不能立马分辨出他的具体性别，有时家人或朋友也会这样说："你原本就应该是一个女孩子。"此时，孩子会认为这是自己先天的一种缺陷，甚至对以后的婚姻和生活造成影响。这种不确定的性别也许会让男孩对女孩的行为进行一些模仿，使自己看起来更像一个女孩子。他们会像戏剧中的表演者一样让自己涂脂抹粉，搔首弄姿，任性而为。

成长期

孩子在四五岁的时候就已经形成了对异性的基本看法。这种性的驱动力在几周大的时候就可以看出，但是在它没到释放的时候，我们无需去触动这种驱动力，所以这时他们的表现都是极其自然的，我们无需感到惊讶。比如，孩子在一岁之前，他们也许会观察或抚摸自己的身体，为此我们不用太担心，但是我们可以通过转移孩子的注意力，让他们不再关注自己的身体，而去关注周围的环境。

如果他们的这种行为总是发生，那就要另想办法了。这时，我们可以这样判断：孩子的这种举动并不是性的驱使，而是他想利用这种方法达到自己的某种目的。比如，他触摸自己的时候看到父母很担忧，容易吸引父母的注意力，所以他就常常利用这种方法吸引父母的目光。但是当他们的这种行为并不为他人所关注时，他就不会再继续了。

父母对自己的孩子进行抚摸或亲吻是表达爱和关心的一种方法，但是不要去碰触孩子的敏感部位以免引起不正常的反应。所以在抚摸孩子的身体时，要多加小心。此外，有些孩子甚至会提出，在父亲的书房中发现了一些色情或露骨的图片，从而引起了某种情感。所以，如果不想让孩子产生我之前所讲的问题，就要避免让他们看这些色情图片或影片，不要引起他们的性欲望。

我在之前还提到了另一种刺激性欲望的方法：常常给孩子讲不合时宜的或超出他接受范围的性知识。有些年轻人疯狂地渴求性知识，他们怕自己长大后因为对这方面知识的缺乏而陷入险境。到那时如果我们观望周围的人，就会发现，这种险境几乎是不可能的。所以，等孩子真正想知道这些事情的时候才是告诉他的最好时机。即使孩子不说出口，细心的父母也应该可以觉察得到孩子的好奇心。如果孩子和父母之间的关系很亲密，他们定会主动向父母提出自己的疑惑，但是父母的解释必须是简单易懂的。

此外，父母尽量避免在孩子面前过度亲密。如果可以的话，孩子和父母需要分床而睡，甚至分屋而睡。最好的办法是，女孩不要和自己的哥哥弟弟共用一个卧室。父母应该细心观察孩子的生长发育，不能过于粗心。如果父母不了解孩子的性格，就永不会知道孩子会受到什么样的影响。

在人的一生中，常常会经历一些人生的转折点，这些转折点对我们的成长有着决定性的意义。比如，青春期，这是一个被人们公认的不寻常发育期，虽然这并没有任何科学依据。其实，更年期也与此相似。然而，这些阶段只是人生中很短暂的转折，它不会让我们有太大的变化，也并没有什么特别之处。重要的是，人们想在这个阶段获得什么，这个阶段会有怎样的意义，以及面对这一阶段的态度。

孩子刚刚步入青春期，常常会感到惊恐和害怕，他们的行为也会异常诡异。如果我们仔细观察，就会发现，其实青春期带来的身体变化并不被孩子们过度重视，反而是社会赋予他们的某种责任使他们变得开始担心。比如，有些人认为青春期是一切生活的终止，之后，他们就不再有价值和尊严，不再有合作和奉献，不再被人需要。所以，青春期问题正是这样一种情感的延续。

如果一个孩子已经把自己看成社会中的一分子，并且知道为社会奉献的意义，尤其是他可以用很平和的心态和异性结为朋友，那么青春期只不过是他为自己长大、计划未来所做的准备。如果他觉得自己低人一等，就会对环境产生错误的认识，所以必定会在青春期面前变得不知如何是好。此时，在别人的施压之下，他也许会去完成某事；但是如果让他独立去做，他就有些不知所措，结果注定会失败。这样的人已经习惯了被人指使，一旦自由了，便不知道该何去何从。

第九章　犯罪及预防

了解犯罪心理

个体心理学能让我们把人区分成不同的类型，并且还会让我们看出，虽然人的情况各异，但是并无明显的差距。比如，我们所看到的，犯罪的人和问题儿童、神经官能症患者、自杀者、精神病人、酗酒者、性行为不正常的人常常是失败的范例，他们是同一种类型的人。他们没有合理地处置人生问题，并且在一些规定严格的方面，他们恰恰犯了同一种错误：他们不但不知道何为责任，还不知道为别人考虑。但是，虽然这样，我们也不能说他们和别人有什么不同。任何人都不可以说自己的责任感和合作精神是完美无缺的，其实罪犯和普通人的区别只在于，普通人所犯的错误没有那么严重而已。

为追求优越感而奋斗

要想了解罪犯，还有重要的一点，即我们都想克服困难，这一点和普通人没有什么区别。我们的一生都在为这个目标不断追求，如果这一目标实现了，我们就会感觉到自己的强大和超越了

他人。我们的这种想法是对安全的一种追求，也有人说这是自我保全的方法。但是不管我们对他们怎样理解，总有一条线贯穿着人类发展的整个过程——人们一直在努力地由卑微走向高贵，由失败走向胜利，由底层走向上层。这条线从一出生就开始显现，一直到人的生命终止。所以，如果我们发现罪犯也有这样的目标和愿望，也没有什么值得惊讶的。

如果我们仔细分析犯人的行为方式和态度，就会发现他们一直在让自己克服困难，摆脱困难，并向上攀爬。虽然他们同样在努力，但是他们的努力方向却与常人不同。如果我们明白，他们没有走上正确的道路是因为他们不知道社会的要求和与人合作的作用，我们就很明了了。

环境、遗传与转变

因为很多人对这一点并不了解，所以我必须再次强调一下。有些人认为罪犯与常人不一样。比如，有些医学家都说罪犯是有智障的。还有些人认为他们是有着某种遗传基因的，他们认为罪犯具有天生的罪恶基因，自然会走上犯罪的道路。还有人认为罪犯是由环境的影响造成的，只要他们一朝犯罪，就终生都不会改变。如今我对这种观点持坚决反对的态度。并且，如果人们一再认为这种观点是正确的，那么我们就永远不可能从根本上解决犯罪问题。我希望尽早使这一问题得到解决。历史证明，犯罪永远只是一种悲剧，如今我们急需在这方面有所成就。我们定不能说一句"这是由遗传基因决定的，我们也很无奈"就一推了之，更不能将这一问题放在一旁不管。

其实，不论是环境还是遗传的影响，都没有强迫性的因素。因为同一个家庭或同一个环境中的孩子长大后常常是大不相同的。有时，那种名声显赫的家族中也会有败家的人出现。有些出身环境恶劣，甚至有家人曾多次出入监狱或教养所经历的家庭，却可能出一些品德优秀的孩子。并且，有的犯罪分子也会变好。有的人为什么年轻时总是偷盗，但是到了 60 岁之后却自动安定下来，成了一个本分的人，这是犯罪心理学家所无法解释的。如果如我们前面所述，一个人犯罪的倾向是由遗传或环境影响所决定，那么这种现象当然无法解释。但是，在我看来，这种情况的发生并没有什么奇怪的。也许是因为此人所处的环境改变了，让他身上的压力不再沉重，所以他的人生观也随之改变了，不再邪恶。也许在多次偷盗之后，他已经让自己得到了满足，所以他将自己的目标转变成了别的。还有可能他年老体衰，行动不便，已经不再适合做这些事，因为当他的身体不再灵活时，偷盗自然就是一种奢望了。

童年的影响与生活态度

如果我们想真正地帮助这些罪犯改正，唯一的有效方法就是了解他的童年生活，看是否有什么事情阻碍了他与别人合作。面对这个问题，在这一领域个体心理学为我们点亮了一盏明灯，以至于我们对这一问题更加清晰。孩子在五六岁的时候，性格特征已经开始变得完整，可以将很多事情联系起来。我们知道在孩子的成长过程中遗传和环境因素有着不可忽视的作用，我们总是不去关注孩子将什么带到了这个世上，或者在他的成长过程中遇到了怎样的事情，我们只关注他是怎样利用这些经历达到自己的人生目标的。因为我们对于遗传中所得到的能力和障碍不甚了解，所以我们很有必要了解这一点。我们需要考虑他所处的环境会给他带来怎样的影响，以及会怎样利用这些因素。

　　其实在罪犯的身上我们也可以看到合作精神，这样也许会让他们的罪行稍微轻一些，然而这种合作远远达不到正常人的程度，然而产生这一问题的原因，主要在于家长，尤其是母亲。家长应该懂得如何培养孩子的合作精神，并使自己和他人拥有共同的兴趣和爱好。他们需要亲自实践，让孩子更关注人类及未来的发展。也许母亲并不想让自己的孩子以别人为关注点；也许父母婚姻不幸福，相处并不和谐；也许父母处于分离的边缘，相互之间并不信任。所以，母亲想将孩子独揽过来，宠着，爱着，惯着，从不让他学着自立。在这种情况下，他们必定缺乏合作精神。

　　让孩子对他人产生兴趣、让他们学着融入社会是非常重要的。有时，如果一个孩子特别受母亲宠爱，他就会被家庭中的其他孩子远离，这样，他就不容易和别人相处。如果这种情况被他错误地理解，就有可能将他引上犯罪的道路。如果在一个家庭中第一个孩子表现卓越，那么他之后的孩子就常常会出错。也许还会产生这样的情景：在家庭中的老小特别讨人喜欢，那么他的哥哥姐姐就会觉得是他将父母的爱全部夺走了。所以他们就会感觉自己不被人关注，感到异常痛苦，哥哥姐姐就会陷入一种错误的认识之中。于是他就开始寻找证据，让自己的想法得到证实。他的表现就会越来越差，从而受到更大的责罚。这样他就会更加认定自己的想法是对的，认为别人确实对他不关心。所以他会觉得别人剥夺了自己的权利，于是开始犯罪。当他的行为被人发现之后，定会受到惩罚，此时，他更加坚信没有人关心他，而是人人与他作对。

　　如果孩子听到父母抱怨命运不公、世事艰难的话，也会对社会的兴趣大减。如果孩子总是听到父母数落哪个亲戚或邻居的过失，或者总流露出对别人的不满或恶意，孩子也定会受此影响。在这种环境中长大的孩子，如果对周围的同伴产生偏见，就没有什么值得奇怪的了，当然，他们与自己的父母作对，也就不难理解了。当孩子并没有意识到什么是社会责任感时，就会以自我为中心。在孩子的心中会这样认为："为什么我要为别人着想？"并且，如果在这种意识的支配下无法解决他的人生难题时，他定会变得犹豫，转而寻找一些让自己轻松摆脱困境的方法。他们会认为克服困难实在太难了，即便伤害别人也无所谓。我们可以猜想，他即使处于任何状态都会毫无顾忌。

　　我将举一些例子来说明犯罪的发展轨迹。在这样一个家庭中，大儿子是最受宠爱的，而次子则是一个问题儿童，可是他身体健康，没有什么遗传缺陷。弟弟一直想像哥哥一样优秀，他就像是在比赛，一直想超过哥哥。他与人交往的能力很差，对母亲非常依赖，总想从母亲那里得到什么。可是，他在生活中事事不占优势，哥哥的学习成绩很好，可是他却是班里的差生。

　　他有着很强的控制欲。他常常对别人指指点点，指使她们做这做那，就像军官调遣士兵一样。有一个女仆对他十分疼爱，一直到他20岁，还像对待上司一样接受着他的指派。当他接到别人交给的工作时，内心总是有种恐惧不安的感觉，所以他们最终总是什么事都办不成。他遇到困难，总是向母亲求救，即使受到的常常是惩罚或责备。

有一天，他迅速地结婚了，并且在他哥哥之前，这样就致使他以后的生活更加困难，然而，他却把这当成一种超越哥哥的"壮举"。从中我们可以看出他已经将自己置于一个很低的位置，竟然想通过这种事来取得胜利。其实他根本没有为结婚做好准备，所以婚后的生活一直处于争吵之中。后来，母亲实在没有能力再给予他钱财上的支持，他就订购了几架钢琴，可是还没有付钱就低价转让了。正是因此，他被送进了监狱。从这件事我们可以看出，他的犯罪是因为童年的影响。他一直在哥哥的阴影下成长，就像被大树遮挡阳光的小树苗。在他的心里总有一种思想，在风光无比的哥哥的反衬下，他觉得自己受到了太多的侮辱和忽略。

此外，还有一个12岁女孩的例子：她是一个志向远大的女孩，深受父母的疼爱。可是她却十分嫉妒自己的妹妹，处处表露出对妹妹的敌意，不管是在家里还是在学校。她总是时时关注着妹妹是不是得到了父母的偏爱，是否得到了更多的糖果和零花钱。有一天，她偷了同学的钱，结果受到了惩罚。我很庆幸自己有机会向她解释事情发生的原因，让她不再有嫉妒妹妹的心理。并且，我将这一事实也告诉了她的父母，让他们不再让姐妹俩对立，也不再让她有父母偏爱妹妹的想法。这已经是20年前的事情了。如今这个女孩已经成人，人很和善，并且也已结婚生子了。从那以后，她再也没有犯过大错。

罪犯性格的构成

之前我已经论述过关于孩子在成长过程中的危险情况，如今我想再重复一次。因为只有认清了他们犯罪的原因，才能帮助他们走上正确的道路，所以我们一定要重申这一问题。容易犯罪的儿童一共有三类：一是身体残疾的人，二是受宠的人，三是被忽视冷落的人。

在那些我亲眼所见或从报纸书刊上得知的对于罪犯的描述，我想找出罪犯的人格结构。我发现，对此做深入研究的关键是从个体心理学方面来进行阐述。我想再举几个例子进行说明。

一、康拉德的事例。康拉德和一个男人合伙谋杀了自己的父亲。父亲很轻视他，对全家人都很粗鲁。有一次，男孩反抗父亲，并将他告上了法庭。法官说："你的父亲太胡搅蛮缠，我们对他实在是没办法。"

你可以想象，法官是怎样对男孩说他父亲的这种行为是可以理解的。家人想让他们之间的关系变得缓和，但却无法做到，家人也开始无可奈何了。后来，父亲竟然将一个很轻浮的女人带回了家，并将儿子赶出了家门。之后，男孩和一个临时工混在了一起，那人对男孩很同情，并让男孩将自己的父亲杀掉。男孩开始是因为对母亲的顾忌而没有采取行动，可是情况却越来越糟。在长时间的考虑之后，男孩终于决定，在临时工的帮助下杀死自己的父亲。

从中我们可以看到，男孩不能将合作的社交行为扩展到父亲身上。他很尊敬自己的母亲，且很爱她。所以，他需要找一些理由，将自己的那一部分责任推卸掉。只有在临时工的帮助下，再加上自己对父亲的痛恨，他才敢于向父亲下手。

二、玛格丽特·史文奇格被有些人称为"投毒女"。她从小被父母抛弃，由于发育不良，她的身材十分矮小。从心理学的角度讲，这些因素会致使她变得爱慕虚荣，希望得到别人的关注，所以总会显示出一副讨好他人的样子。

可是在经过多次努力后她仍然没有引起他人的关注，所以开始对此不抱任何希望。她曾三次想投毒杀掉几个女人，目的是占据她们的丈夫：她认为那些是自己的东西，被他人抢走了，除此之外，她想不到任何方法将"自己的东西"夺回来。并且，为了控制这些男人，她还假说自己怀孕了，还大嚷着要自杀。从她写的自传中（很多罪犯都爱写自传），我们已经证实了这一观点，但是她却并不太了解自己所说的话。她说："每次当我做坏事的时候，我就会想，既然没有人觉得对不起我，那我又有什么理由对得起别人呢？"

从这些话中，我们可以看出她是怎样走上犯罪道路并且不可自拔的，她也一直在为自己找各种借口。我告诉她要学着与人合作，要主动去关心家人的时候，她就会说："可是没有人去关心我呀！"

我却常常告诉她："总要有人去走第一步的，别人合作不合作是他们的事，可是我希望你走出第一步，而不是顾虑别人会不会与你合作。"

三、N.L. 是家里的长子，一条腿有残疾而变成了瘸子，缺乏教养。他以长兄的身份，管束着自己的弟弟们。从中我们可以看出，也许他在家里的优越地位会成为一条积极的因素。但是，他也可能成为一个骄横、暴躁的人。最后，他竟然将自己的母亲赶出了家门，且骂道："快滚！你这个老太婆。"

这件事让我们感到很悲哀，他连对自己的父母都没有了任何感情。如果我们清楚他的童年生活，就会明白他是怎样走上犯罪道路的。他曾待业了很长时间，没有收入，还得了性病。一天，他出去找工作，却未能如愿。在回家的路上，他将自己的弟弟杀死，目的仅仅是抢走弟弟那微薄的工资。由此我们可以看出，他根本没有任何合作精神。在他的处境之下——没钱、没工作、患有性病，他觉得自己走投无路了。

有一个孩子很小便成了孤儿，后来被人收养。可是，养母对他特别溺爱。结果，在这样的情况下他变得毫无教养。他总是时时与人竞争，处处想高人一头，并得到别人的关注。他的养母竟然整天纵容他，且漫无边际地夸奖，后来他成了一个到处欺诈钱财的骗子。他的养父母家庭还算富裕，所以他总是一副不可一世的样子，结果他将自己的钱财挥霍一空，最后被赶出家门。

正是因为不良的教育和骄纵的性格让他开始走上歧途。他认为，欺诈他人就是他一生的工作。由于养母对他的爱甚于自己的亲生儿女，所以他认为自己做什么事都是对的，以至于他将自己摆在了低下的位置，他认为自己无法靠正常的手段谋生。

在此，我想再次声明：所有的罪犯都有精神病这种想法并不正确。当然，有一些精神病人也会犯罪，可是这与我们平时所说的犯罪是两种定义，我们不能让他们承担任何犯罪后果，因为他们不受意识的支配，并且我们完全不能理解他们的行为方式。

我们同样不应该将弱智的人当成罪犯，因为他们只是被别人当作使用的工具。他们思维简单，所以常常被人利用。对他们进行利用的人会为那些弱智的人展现一个美好的未来，激起他们的欲望，自己则躲在背后，让别人替他们行动，去承受某种危险。其实，少不更事的人同样会在别人的怂恿下犯罪。那些经验丰富的老手总是在背后指点，让那些孩子去行事。

　　实际上，罪犯同样胆小，他们也会躲避那些自己无力解决的问题。这些胆小的特性我们可以从他们作案的方式和人生态度中寻觅到。他们常常躲在暗处，突然袭击受害者，并且总是在受到攻击之前就开始反击。我们千万不要相信罪犯表现自己多勇敢的那些大话。因为他们的犯罪行为看似强大，其实只是一种软弱的表现。他们所追求的只是自己想象出来的一种自我超越，他们想让自己成为自己想象中的伟大人物，其实这不过是一种错误的人生观，亦是对人生的一种错解。我们认为他们无比软弱，但是如果我们的想法被他们得知，将会对他们造成莫大的打击。当他们想到那些聪明的警察还得围着他们团团转的时候就会有一种荣誉感，他们就会认为"警察是抓不到我的"。

　　然而，事实的确如此，在我们对那些罪犯的所犯罪行进行审问时，总会得知一些自己毫无所知的案子。这是我们所遗憾的事。当他们知道后就会想："我这次是因为太过疏忽大意才被抓的，下次如果多加小心就会溜之大吉了。"如果他们果然逃脱了警察的追捕，就会认为自己优于他人，就会觉得自己的目标得以实现了，同样也会得到别人的赞许和表扬。我们必须抛弃那种认为犯罪的人勇敢无畏的想法，可是我们又从哪里开始行动呢？其实在家庭、在学校、在社会中都可以，在后面我会讲到最佳的解决办法。

犯罪的类型

　　罪犯一般可分两种类型：一种是他们知道社会中需要与人合

作，相互关心，可是自己却从不去这样做，所以这样的人认为所有的人都是敌人，认为自己被社会孤立，得不到任何人的赏识；另一种是被惯坏的孩子。在我所接触的罪犯中，总会听到这样的话："是因为母亲对我太过宠爱，所以才走上了犯罪的道路。"在这一点上我还会详细论述。在这里我提到这个问题是想告诉你们：罪犯作案的类型多种多样，但是都因为缺乏良好的教育和合作精神，才致使自己脱离了社会。

每一个父母都想让自己孩子成为社会的栋梁之才，可是往往不知道方法。如果他们过于严厉、冷漠，肯定行不通。如果让孩子做主，时时顺着他们，无疑表明他们是最重要的，谁的地位都无法与之相比。没有足够的毅力，也会让孩子们处处想吸取别人的注意力，也总希望自己成为别人的焦点。当他的愿望不能实现时，他们必定变得唠叨不止、怨天尤人。

犯罪案例

以下我将举几个例子，来证明我所说的观点，当然，我将这些案例记下来的目的并不在此。首先我将讲一个关于卢克夫妇在《五百种犯罪生涯》中的案例，讲的是一个男孩对自己犯罪生涯的回忆，名字叫作"辣手约翰"。

"我从没有想过自己会变得如此不服管束。在十五六岁之前，我还是一个正常的孩子，没有任何异样。我喜欢体育运动，还常常进出图书馆，我每天都为自己合理地安排着时间，什么事都是井然有序的。但是后来，在父母的强迫下我离开了学校，我只好去工作，可是除了每周我留给自己的五十美分零花钱，其余的都被父母拿走了。"

他说的这些是在控诉自己的父母。如果我们了解了他的家庭情况，也就知道他犯罪的原因了，并且会切身体会到他的感受。如今，我们可以下这样的论断：他与自己的父母关系不和。

"在我工作了一年之后，我交了一位女朋友，她是个喜欢享受的女孩。"

其实很多人都是因为这个原因走上犯罪的道路，他们交上了一个花钱大方的女友。这个问题让人很头疼，同样也是对他们合作精神的考验。他每周只有五十美分的零用钱，可是女友却这么爱享受。在我看来，钱并不是维持爱情的唯一因素，并且世界上的女孩多得是，其实他是找错了人。如果再有相似的情况发生，我会直截了当地指出："这个女孩并不适合你，因为她想要的只是享受。"但是，每个人的价值观是不同的。

"在这个时代，即使生活在小镇中，每周五十美分的花费也远远达不到女孩的标准。他无法从父母那里得到更多的钱，由此心中产生了一种怒火，并且异常痛苦。他不知道该怎样得到更多的钱。"

"如果按照一般的思维方式，我们会说，找一个别的工作，多挣一些钱。"然而他却不这么想，因为他交女朋友就是为了享乐，他可不想为了这个让自己吃苦。

"有一天，我在路上遇到一个陌生人，可是很快我们就熟悉起来。"

与陌生人的交往无疑是对他的一次考验。有着正常合作精神的人是不会误入歧途的，但是他却已经有了邪念，就更加容易被人带坏。

"这个陌生人是一个偷窃者，他胆子大，很聪明，有能力，对道上的事很了解。如果和他一块儿行动，从不会空手而回。他曾在镇上做过上千起案子，却没有被抓到过。所以我就跟着他开始干。"

据说他的父母有自己的房子。父亲在一个工厂里做活，勉强维持着家里的生活。他们家一共有三个孩子，除他之外，没有任何人犯过罪。现在我怀有极大的好奇心，想听听那些坚信遗传对其有影响的专家们的说法。这个男孩说自己在 15 岁就已经有了性生活。但是，我可以确定，这个男孩并不好色，因为除了满足自己的欲望之外，他对任何人都没有兴趣。人们也许都会沉迷于声色之中，但是他却只想通过这种方法让自己成为别人顶礼膜拜的性偶像。

在他 16 岁时，曾因为抢劫而被捕。在我们对他的问讯中，证实了之前的说法。他为了让别人崇拜自己，为了吸引女孩子的芳心，不惜在她们身上花费重金。他戴着一顶大盖帽，将红色的手帕别在胸前的口袋中，腰间还挎着一把手枪，看上去就像一个西部的绑匪。他的内心异常空虚，想成为别人心目中的英雄，可是又不知道如何去做。对于警察所指出的罪行他都一一承认，并且还说"并不止这些"。

"我觉得我没有继续生存下去的意义了，我对任何事都不感兴趣，甚至于对整个人类都是蔑视的。"

这些看似清晰的想法其实很模糊，他根本不知道自己生存的意义何在。在他心里，生活就是一种压力，但是他却不明白自己这样理解生活的原因。

"我所得到的知识就是不要信任任何人。他们说盗贼之间不会有欺骗存在，其实并非如此。我曾经非常真诚地对一位同伴，可是他却反过来欺骗我，甚至背后捅刀。"

"如果有足够的钱，我就会安安分分地生活。我是说，如果我的钱足够花，我就会去做我想做的任何事，根本无需去工作。我不想工作，并且对工作很厌烦，我永远都不想再工作了。"

对于这些话我们可以这样解释："精神上的压抑成了我犯罪的根本原因，我不得不压制着自己的欲望，所以才走上了犯罪的道路。"我们应该对这一点仔细分析。

"我每次作案并不是为了让自己犯罪，而是当我将车开到有'目标'的地方时，就有些不能自己，所以我就会让自己尽快下手，然后快速逃离。"

他说自己就是一个英雄，根本不承认这些是软弱的表现。

"有一次，我身上带着 14000 元的珠宝，想将这些珠宝换成钱，然后去见一个女人，为此我被警察抓住。后来我感觉那时真傻。"他们在女人身上花了大把的现金，就是为了赢得她们的好感，因为在他们心里把征服女人看成很骄傲的事。

"监狱里开了各种各样的课程，只要我可以去听的我都会去，但是我并不是让自己改过自新，而是让自己有更多的作案知识。"

这已经表示这个人对人类有着极度的仇恨情绪，不但如此，他还根本不想在世上生存。他说："如果以后我有了自己的儿子，我就会将他杀死，因为我把他带到这个世界上，本身就是一种犯罪。"

那么，我们怎样让这样的人真正地改过自新呢？除了让他与人建立起合作精神，别无他法，我们要让他知道自己思想错位的原因。我们只有让他认识到是因为童年的经历导致了他对人生的误解，才有可能帮他走上正途。在这个案例中，有些事我并不知道，其中也没有进行描述，所以我只有靠着自己去加以猜测：他是家里的长子，就像其他长子一样，在开始的时候是家里的主导人，但之后，随着其他孩子的出生，他的风头被别人占领了。如果我的猜想是对的，你就会发现，即使这样微不足道的小事，也会让他与人的合作受到阻碍。

约翰说，那些在劳教所受到虐待的孩子们，在出去后会更加憎恨这个社会。在此我想声明一下，在心理学看来，在监狱中的所有暴行，都会被罪犯看成一种挑战和磨炼。如果不断地告诫罪犯要重新做人，他们同样认为这是一种挑战。他们想成为英雄，所以对这种挑战感到欣喜。他们认为自己正在继续与社会对抗，于是更加下定决心抗战到底。如果一个人开始和全世界对抗，那么这个世上还有什么事比这更具有刺激性呢？

面对儿童的教育问题同样如此，让他们迎接挑战同样是最失误的管教方式。因为这样就会在孩子们心中有这样的想法："我一定要看看到底谁更厉害，看谁支撑的时间最长！"他们和罪犯一样，同样想让自己成为"英雄"。他们清楚，只要自己足够聪明，就可以逃离法律的制裁。在监狱或劳教所中，如果管教人员让罪犯去迎接挑战，是极为错误的做法。

下面让我们再来看一个已经被裁决的杀人犯的例子。他杀死了两个人，并且在犯罪之前，他将自己的目的原原本本地写了下来。这些日记给我们提供了线索——他的犯罪过程和动机是什么。任何犯罪分子在作案前都不是没有任何计划性的，并且在他们的作案缘由中一定有着某些合理的成分。当犯罪分子在录制口供时，没有一个人不为自己的犯罪做辩解，他们对罪行的本身也会解释得清清楚楚。

在此，我们看到了社会责任感的重要性，即使罪犯，也不可逃离这一事实。但是，他们却极力想逃离这种责任感，让自己不再受此束缚。在陀思妥耶夫斯基的《罪与罚》中曾这样描述：拉斯柯尔尼科夫已经在床上思索了足足有两个月的时间，考虑自己是不是应该去犯罪。他不断地问自己："我是拿破仑，还是胆小鬼？"罪犯就常常用这种方法去蒙骗自己，从而达到犯罪的目的。其实，罪犯很明白什么样的人生没有意义、什么样的人生有意义。但是，因为他们的软弱和胆怯，没有勇气去接受有意义的人生。正是因为他们知道自己没有奉献社会的能力，所以变得胆小怕事，以至于不敢尝试有意义的人生，因为要达成这一目标必须与人合作，而他们偏偏缺乏这种基本的合作精神。当罪犯想减轻自己身上的压力时，就会为自己找一些借口。

以下就是在杀人犯的日记中摘抄下来的东西：

"人们都嫌弃我、轻视我，甚至连家人都不认我，我几乎痛不欲生了。我现在什么都不管了，我实在无法再忍受。我可以受别人的鄙视和冷漠，可是吃饭问题呢？肚子总是不听我的指挥的。"

这就是他为自己找的理由。

"有人说我会死在绞刑架上，但是饿死和绞死又有什么不同呢？"其实预言和挑战有着相同的作用。因为还有这样一个案例：一位母亲告诉她的孩子："我知道你早晚会将我勒死的。"果然，在孩子长到 17 岁的时候，他将自己的母亲勒死了。

在杀人犯的日记中还这样写道:"既然怎样我都免不了一死,那么我还需顾及什么后果呢?连我喜欢的女孩都不理我了,现在我什么都没有,别人也对我无计可施。"

他很想得到所喜欢女孩的欣赏,可是他连件像样的衣服都没有,更别提钱了。他认为女孩就是一笔财富,有了她,恋爱婚姻的问题都可以得到解决。

"事情已经到了这一地步,结果我不是被别人解救,就是独自灭亡。"

我想再次解释一下,这样的人一般都想走极端或与人为敌。他们就像一个孩子,要么将所有的东西都给我,否则我就什么都不要。这两个极端总要选择其一的:挨饿还是绞死,解救还是灭亡。

"所有的事都准备好了,就等这周四来临。我已经选好了谋杀对象,现在只等待机会。只要机会一到,我就可以做出惊天动地的大事,这种事可不是一般人可以做到的。"

他认为自己是不可一世的英雄,"这是很恐怖的事,并非人人可为"。他手持一把刀子,袭击了第一个男人,那人死在当场。这的确并非人人可为的事。

"他就像赶着羊群的牧羊人,饥饿难耐之时也会让人异常痛苦。也许我再也无缘面对明天的太阳,可是我已经顾不得这些了。目前最需要解决的就是饥饿,我已经无路可退。当我坐上了审判席的那一天,我的痛苦也就结束了。人人都要为自己所做的事付出代价,但这总好于被饿死。如果饿死了,我不会得到任何人的关注。而我在受刑的时候,将会引来众多人的围观,他们也许会对我的处境表示同情,也许有人会称我是一名敢作敢当的英雄。没人可以像我现在这样备受煎熬。"

我们知道，他实际上并不是自己心中的英雄！在接受审问的时候，他这样说："虽然我没有穿刺他的心脏，但是他死了。我知道我要被处以绞刑的，但是很遗憾，他穿着如此高贵的衣服，这是我这辈子都穿不起的。"如今他的作案动机已不再是因为饥饿，反而成了那人的衣服。他辩解道："我当时不知道自己在做些什么。"这样的辩解我们常有耳闻。有时，罪犯为了推卸责任，常常先喝醉了再去作案。

在以上的案例中我们可以看到，要想打破社会关注的束缚，需要有多大的决心。我想，在这些案例中，我已经将所有的重点问题都表现了出来。

合作的重要性

现在让我们再回到前面所讲的问题，其实，罪犯和普通人一样，都想取得一种成功，为自己争得一个有利的地位。但是，他们的目标却是不同的。罪犯的目的总是争取自己的利益，他们所希望达到的目标对别人没有任何益处，他们还时时逃避与人合作。然而社会却需要所有人的共同合作、帮助、奋斗、支持。罪犯的目标最突出的特点就是对社会没有任何益处，他们形成这种思想的原因我们在以后会详细论述。如今我们想说的是：要想真正了解一个罪犯，就要看其在合作中的失败程度和性质。

罪犯们的合作能力也是不尽相同的，有的这种能力较强，有的则较弱。比如，有人仅限于小偷小摸，有人则非大案不做；有人是主谋，有人则只是从犯。为了更清楚地了解这些犯罪经历，我们必须了解他们对人生的态度。

性格、生活方式和三大课题

如前所述，一个人的人生态度在四五岁时就已基本形成，所以我们可以这样认为：这并不是轻易可以改变的。人生态度对其性格的形成有着决定性的作用，只有一个人认识到了自己性格的错误，才会去试图改变。在此，我们就明白了有些人犯了多次错误，受了多次挫折和侮辱，失去了生活的各种权利，却依然不去改变，继续犯同样的错误的原因。

其实，罪犯作案的主要原因并非经济问题，当然，我们不可否认，生活艰辛、困苦时，犯罪率会上升。据统计，犯罪的数量有时和粮食的价格成正比。但是，我们并不能说是经济形势影响了犯罪的数量。其实，这是在告诉我们人们的行为也是受到各种限制的。他们的合作能力是有限的，所以他们是无法充分与人合作的。如果那些仅存的合作精神被磨灭了，他们自然会想到犯罪。我们从一些事例中会发现，在环境很好的时候他们不会犯罪，可是一旦环境变换，他们就可能走上犯罪的道路。这时，他们的人生态度和解决问题的办法将成为主要因素。

在个体心理学的经验中，我们会得出这样的结论：罪犯不会关心人。他们虽然有着一定的合作精神，但是如果超出了他们接受的范围，就会犯罪。如果有些困难他们无法解决，他们就不再本本分分地生活。如果我们对人生中所面临的问题和罪犯遇到的困难进行分析，就会发现，与人交往好像是人生中最大的问题，其余的都处于附属地位，并且要想真正解决这一问题就必须去关心他人。

我们在第一章已经讲到了人生中的三大问题。

第一类是人际关系问题。罪犯也有朋友，但都是同类。他们可以成帮结队，相互之间也有真正的友谊，但是他们的交往范围很狭窄，他们不可能和一般人成为朋友。他们将自己放在一个临界点上，不知道该如何与普通人轻松愉快地接触和交往。

第二类是与工作有关的职业问题。如果谈到工作，很多罪犯都会说："我们那里的工作环境你根本就想象不到！"当环境恶劣的时候，他们不会像一般人一样去克服，让自己适应。有意义的工作必定需要与人合作，可是这却是犯罪分子所缺乏的方面，这种能力的欠缺常常很容易凸显出来，所以多数的罪犯达不到工作所规定的要求。一般的罪犯总是知识欠缺、没有技术。如果我们再向前去看看他们的生活，就会发现，他们的这种性格在学校或者在儿时就已有表露。虽然合作是必需的条件，但是他们却并不具备，所以当工作中遇到难以解决的难题，他们就会将责任一推了之。如果我们此时要求他们与人合作，那无疑是让没有任何历史知识的人去参加历史考试，结果要么是漏洞百出，要么就是一张白卷。

第三类是关于爱情方面的问题。要想维持美满幸福的婚姻，合作和关心是必不可少的。有一半的罪犯在监狱或劳教所都会染上性病，这一点应该引起我们的关注。这也许会让我们想到，他们都在寻找一种简单的性爱解决方法。他们认为伴侣就是一笔财产，并且他们还认为，性是可以用来做交易的。他们认为，性是征服、占有他人的一种手段，根本不会认为这是一种终生的陪伴者。很多罪犯都会说："如果我得不到自己想要的东西，活着还有什么意义？"

无论什么事都不想与人合作，这并不是无关紧要的小事。我们时时都需要与人合作，且合作能力也会体现在我们的言行举止中。如果我的观察没错的话，罪犯们的观察力、听力和诉说力都与常人不同。他们的语言表达方式也有所不同，且他们的智力水平也会受到此方面的不良影响。在我们与人交谈时，总想让人理解自己。其实理解同样是一种社交能力，我们所说的话和听到的话总是被听者和诉说者理解得一样。然而罪犯则不然，他们的表达能力和听话能力都与常人不同。从他们的犯罪行为和方式中我们可以看出这一点。他们并非愚笨，也并非弱智。如果我们理解他们这种虚假的优越感，就会觉得他们的想法也是合乎情理的。

有的罪犯可能这样说："我看到一个人的穿着很讲究，于是就想杀了他，因为我没有那样的衣服。"如果我们照着他的逻辑方式去想，也会认同他的想法，并且不再要求他像普通人一样去谋生，认为他们的要求都是合乎情理的。然而，这并不是被大众所公认的想法。在匈牙利曾出现过这样一件事，几个妇女被诉讼合伙投毒杀人。其中一位妇女在进入监狱之后说："我的孩子是个流氓，我对他讨厌极了，我想毒死他。"如果她不想与人合作，我们又能怎样做呢？她并不傻，但是她看待事物的角度与常人不同。所以，我们就明白了，那些见到喜欢的东西就想自己占有的罪犯的思维方式也与常人不同，他们必须把自己喜欢的东西从这个社会中夺过来，即使他对这个世界又冷漠又痛恨。他们的脑海中有着一种错误的观念，所以也就认不清在这个世界上自己与他人的地位该怎么安排。

合作的早期影响

在此，我想列举几种可能导致失败的情形。

家庭环境

有时，我们会说犯罪是由父母造成的。也许在孩子的成长过程中他的父母并没有教授过他合作的知识，也许他的父母以为自己不会起到任何作用，因为他们都不知道怎样与人合作。在失败的婚姻家庭中，我们会轻易看出，他们之间的合作并不充分。孩子最初接触的人往往是母亲，但是有些母亲可能并不想让孩子将关注的目光转移到他的父亲、同学或其他人身上。

最初，他也许是家中唯一的孩子，是全家人的关注对象。可是在几年之后，第二个孩子的来到，就会让他感觉自己的地位降低了，自己的人生不再幸福和顺利。所以，他开始排斥自己的父母或弟弟妹妹。这都是我们应该想到的。如果你对罪犯的早期生活进行追究，就会发现他的某些行为或想法在童年时期已经有所显现。环境并不能决定孩子的成长，起决定性作用的是他们对自己地位的误解，并且没有人给他做正确的引导。

在一个家庭中，如果有一个孩子凸显优秀，那么定会影响其他孩子的成长。因为这样家人就会将所有的注意力都集中在优秀孩子的身上，而其他的孩子就会感到沮丧、失望甚至痛恨。他们不愿和那个优秀的孩子合作，总想和他一争高下，但是又没有信心。我们常常看到孩子身上的优点就这样被掩盖了，再也发挥不出自己的优势，这是孩子们的不幸，同样令我们感到痛心。而这样的孩子很可能走上犯罪的道路，或者变为神经官能症患者或自杀者。

如果仔细观察，在孩子刚刚入学之时，我们就会发现他是否缺乏合作精神，这样的孩子不爱交朋友，也不喜欢老师，他们上课时无法集中注意力，也不会好好听讲。如果此时仍不给予他有关的呵护，他们可能会遭遇更大的不幸。结果往往会形成，他们不但得不到别人的帮助，若让他和别人建立合作关系，还会遭受更大的斥责和痛骂。这就是他不喜欢课堂的原因，如果以后他仍然继续遭受这样的痛苦，那么他排斥上学也就不足为奇了。曾经有这样一个孩子，在 13 岁的时候被分到了慢班学习，并且常常被老师指责太愚笨。他的一生就这样被毁了。他慢慢地失去了关爱他人的思想，人生目标也越来越倾斜，转向人生的阴暗面，并且总想时时做出一些犯罪的事情。

贫　穷

贫穷同样会误导人走上歧途。在贫困家庭中长大的孩子步入社会后很可能产生有偏见的想法。他家总是缺衣少食，生活异常艰辛。为此他在很小的时候就必须出去打工，来养家糊口。之后，他便看到了那些生活富裕的人优越的生活，他们想要什么就有什么，所以在他的心里就会有一种不公平感，认为那些人不应该比自己更好地享受生活。由此我们就可以理解，为什么在贫富差距越大的城市，犯罪率会越高。嫉妒一定不会是好的现象，它会致使贫穷的孩子对自己的处境产生误解，他们会认为富裕的生活是通过不劳而获得来的。

身体缺陷

我个人认为，身体上的缺陷也会让人变得自卑。当我提出这一观点时，无疑感到了一丝羞愧，因为它在某一方面认同了神经学和精神病学中的遗传论观点。在我初次将自己的观点记录下来的时候就感到了这是一个严重的问题。其实这种自卑的产生并不是因为身体上的残缺，而是教育的不健全。如果我们加以正确地引导，身体残缺的孩子照样可以像普通人那样关心人。如果从来没有人让他感受到过关心，他们就会变得自私自利。

很多人都会内分泌失调，可是却没有人指出内分泌腺的具体作用是什么。可是不管它们怎样变化，都对人的性格和品质没有影响。所以，在我们将孩子培养成与人合作且成为社会栋梁之才的过程中，是不应该考虑这一因素的。

社会不利因素

其实，在那些犯罪分子中，有很多人都是孤儿，这就要将责任归于我们的社会了，因为它们没有给这些孩子灌输合作的思想。那些私生子同样如此，因为从小缺乏爱护他们的意识，他们也不想主动去爱护他人。被遗弃的孩子也是其中一类，在得不到他人关心的时候更是如此。罪犯之中面相丑陋的人也不在少数，这就为那些持遗传观点的人们提供了证据。但是，那些相貌丑陋的人心里会怎样想？他们真的很不幸。也许他们是某个种族的混血儿，生来就有一张并不讨人喜欢的脸庞，所以常常受人歧视。他们也许一生都是痛苦的，即使在童年时期也同样不快乐。但是，我们如果对他们进行正确的引导，也会让他们成为社会的优秀分子。

但是，很奇怪，在犯罪的人之中，有些人相貌极佳。如果说身体上的残缺或相貌丑陋是遗传了不良的基因（我承认，有些缺陷的确是遗传所致），那么这些仪表端正的人呢？实际上，他们都是被惯坏的孩子，同样很难与人合作，且没有任何责任感。

如何解决犯罪问题

以上问题的关键是我们如何解决。如果我前面的观点是正确的，那么没有责任感和合作精神的罪犯们总是在寻找着一种虚拟的优越感，如果真是如此，我们该怎样做呢？其实罪犯和神经官能症病人有着相似点，除非我们说服他们和我们合作，否则我们也只能无可奈何。我反复强调这个问题并没有错，因为如果他们懂得了为人类贡献自己的力量，懂得了关心他人，懂得了与人合作面对生活中的难题，就不会出现这样的结果。但是，如果我们无法做到这样，就只能宣告失败。

如今，我们应该知道，对罪犯的引导要从那里入手，就是培养他们的合作精神。如果永远在监狱中紧闭，那几乎没有什么效果；如果被释放，他们还会继续犯罪，并且这一方面也是不合乎常理的。我们的目的并不是让罪犯不再干扰社会，我们还要做到：怎样去帮助他们，让他们为社会做出自己的贡献。

这个问题说来容易，然而做起来却很难。我们既不能让他们做过于简单的事情，又不能让他们做过于困难的事。我们不能直指他们的缺点和错误，也不能与之为某事争吵。他们在多年的成长中思维已经定型，世界观也已固定。如果我们真想改变他们的看法，就要去寻找他们这种思维形成的原因，我们必须知道他们犯罪的原因，以及是怎样的环境让他们变成了这样。在四五岁的时候，他们的性格就基本定型，他们的人生态度和对世界的认识同样是在那时形成的。所以，只有纠正这些早期形成的错误观点，才会让他们形成正确的人生态度。

当他们错误的人生态度形成之后，就会用实践去证明自己思想的正确性；当他们的经历和思想产生冲突，他们就会开始思索，让自己的经历和思想相一致。如果有人在思想中已经形成了这样的观点——他们在耻笑我、侮辱我，这些人就会寻找各种理由和事例来证明自己观点的正确性，然而相反的事例他们则不闻不问。罪犯只顾及自己的想法和感受，他们有自己的认知方法，并且对与他观点相反的事漠不关心。所以，我们必须对他们人生态度形成的原因进行分析，才能真正地帮他们解脱。

体罚的无效性

其实，对罪犯的体罚不会起到任何作用，这样不但不会取得他们的合作，反而会让他们对这个社会更加痛恨。也许在上学的时候他们就有过这样的经历，他们开始变得越来越不合作，从而成绩下降甚至成为班里的小混混。所以，他极度讨厌体罚。这样会对他的合作精神有促进作用吗？这样只会让他感觉更加失望，他会以为所有的人都会与他为敌。试问，谁想在一个充满斥责和谩骂的地方久待呢？

　　如果孩子对自己不再有信心，就会对学习、同学、老师产生排斥心理。他就会逃离学校，到没有人认识他的地方去生活。在那里，他遇见了和自己有着相似经历的孩子们。只有那些人不会责骂他，反而会理解他、同情他，给他以肯定，这样就会让他觉得自己还有"希望"。因为对社会失去了兴趣，所以他痛恨社会上的所有人，在他的心里只有和自己"同病相怜"的人才是朋友。那些人喜欢他，所以他也喜欢与他们在一起。就这样，这些孩子就慢慢步入了犯罪的道路。如果在管教他们的时候，我们仍然采取这样的措施，他们就会认定我们是他们新的敌人、只有那些罪犯才是真正的朋友。

　　我们不应该让生活将他们击倒，更不能让他们对一切失去希望。如果在学校我们给这些孩子希望和鼓励，他们就很有可能不会步入歧途。对于这一点，以后我会详细论述，现在我想举例说明为什么在罪犯的心中惩罚就是与他们为敌。

　　体罚不起作用还另有原因。很多罪犯并不珍惜生命，他们往往在很多时候想到了自杀。所以这时，不管体罚还是枪毙，他来说都没有任何惧怕。在他们看来，很多事物都是挑战，体罚亦如此。他们想让自己比警察强，所以即使体罚他们也不会感到丝毫疼痛，这也同样是他们应对挑战的一种方法。如果以强制的方法对待罪犯，他们就会勇敢地对抗，这样做只会让他们形成和警察一决高下的思想。

　　这就是他们对待一切事情的思维模式。他们认为自己与社会间的冲突会连绵不断，在这种冲突中他们想取得成功，然而如果我们同样是这种思想的话，就正好顺应了他们的意愿。有时，坐电椅同样是一种挑战。罪犯会认为警察就是可怕的怪物，他们要勇敢地与之搏斗，这样的处罚越重，他们就越想让自己取得胜利。很多罪犯都有这样的思想。那些即将被处以极刑的人们，在接近死亡的几个小时中常常会想："我怎样做就不会被他们抓住了？如果不是我将眼镜落在了那里就好了。"

培养合作精神

我曾说过，不要让孩子失去自信，这样就会让他们认为自己不如别人，所以没有与人合作的必要。在面对人生中的难题时所有的人都应该勇敢面对。然而，罪犯选择的处事方法是错误的，所以我们要告诉他们错误的理由和错误观点形成的原因。并且，我们要鼓励他们去关心他人、与人合作。如果人们都明白了，犯罪是软弱而非勇敢的表现，那么罪犯便不能为自己的行为寻找到充分的理由了，以后也就不会有孩子去犯罪了。在犯罪的案例中，不管所说的是否正确，我们都不能怀疑一点：童年时期对人生态度和合作精神的发展有很重要的影响。

在此我想说，合作能力并非天生具备，而是后天培养的。合作的潜力可能是天生就有的，但是这种潜力人人都有。只有经过后天的培养，我们才会让合作精神得到尽情发挥。其余所有关于犯罪的观点，对于我来说都是没有用处的，除非有人证明了一个具有很强的合作精神的人仍然走上了犯罪的道路，然而至今，我都没有见过或听过这样的事例。所以，培养合作精神可以很好地预防犯罪的发生。如果不知道这一点，要想制止犯罪就只能是空谈。

教人合作和教人课本上的知识是一样的，因为他们都是可以授之于人的真理。一个孩子如果在考试之前没有做好准备，成绩必然不会是好的。同样，无论孩子还是成人，如果没有对合作精神进行过培养，他就不会充分发挥自己的合作潜能。只有懂得了合作的知识，才可以解决一切问题。

对于犯罪问题的讨论我们即将结束，我们必须勇敢面对这一事实。在上千年的探索中，我们仍没有找到正确的方法，人们用尽办法之后仍然没有得到满意的答案。如今，通过研究我们已经发现，那是因为曾经没有人帮助我们寻找错误的人生态度形成的原因。如果不对这方面进行分析，我们就永远都不会解决这个问题。

如今，我们既有了知识，又有了经验。在指导犯人改造的过程中个体心理学会为我们提供帮助。但是，不妨设想一下，以这种方法去改造犯人将是多么艰难。可是很悲哀，在现实生活中，在大多数人面对难以解决的困难时，都会将自己的合作精神收缩起来，这就是在世事艰难的时候犯罪率升高的原因。所以，我想，如果我们真的想用这样的方法去防止犯罪发生，就要对大部分人进行教育。但是，要让那些犯罪的或有犯罪潜意识的人了解到：人人都成为社会的栋梁之才是不大可能的。

可行的措施

此外，我们还需要做很多事情。如果我们无法一个个地去指导那些犯人，就去为那些压力巨大的人们提供一些帮助，比如让那些缺乏知识的人和失业的人得到一份工作，这样起码可以让那些人继续保留最后的那点合作精神。毋庸置疑，这样做的话定能使犯罪率下降。我不知道现实中能不能不让人们再受到经济的约束，但是我们应该朝这个方向努力。

我们还应该为孩子将来的就业做好培训。这样在生活中遇到挫折，他们也会有所准备，在面对生活中的问题时，他们才会有所准备，在面对职业问题时，他们才会更加轻松。对于罪犯，我们同样应该采取这样的措施。其实我们已经在这些方面采取了一些措施，也许还需要加大力度。虽然对罪犯进行单独改造并不现实，但是进行集体培训也是可行的办法。比如，我们可以和他们在一起展开一个话题进行讨论，并向他们提出各种问题，然后通过他们的回答去一一开导，纠正他们思想中的错误因素，让他们形成正确的人生观。我们应该告诉他们：没有必要把自己拘泥于各种条条框框之中，放开自己的思想，直面生活中的困难。我想，这样也定会带来不错的收益。

同时，针对那些将一切事物都看成挑战的穷人或罪犯们，我们应该帮助他们摆脱这种思想。如果人们之间贫富差距过大，穷人便会愤愤不平、心生嫉妒。所以，我们尽量不要过于奢侈、炫耀。

在此我们已经明白，对于智障儿童和少年犯，惩罚是不起任何作用的。他们与社会是一种对抗的态度，所以思想就会变得消极。罪犯身上同样有这种现象。我们可以看到全世界的普遍情形：警察、法律、法官都在和罪犯作对，这样自然会引起他们的反抗心理。所以，威胁没有任何用处，我们不妨试着不提及他们的姓名和罪行，也许会取得良好的效果。看来，我们需要改改对罪犯的态度了。但是，不管态度的好与坏都无法使犯人彻底改变，只有从根本入手才能得到解决。我们应该人性化地对待罪犯，而不是用死刑去恐吓他们。死刑只会让气氛变得更加僵硬，因为有些罪犯在临死前还在想是因为自己的食物才导致了被捕。

如果破案率再高一些，对我们的研究也是有好处的。据我了解，落入法网的罪犯只有刚超一半的比例，这样就致使其他犯罪分子更加变本加厉，作案却未被抓住，无疑是让他们增加了作案经验。如今，我们在这一点上已经有了一些进展，且一直在向前发展。还有一点也极为重要：罪犯不管在狱中还是狱外，都不要再受到侮辱。如果可以，我想应该增加缓刑的监管人员，当然，这些监管人员必须对社会问题和合作问题有透彻的了解。

预防的方法

如果在未来的某一天，我的想法真的实现了，那么成果必定会更好。但是，这样仍不能大量减少犯罪的数量，还好，还有另一个可以随时利用的实用有效的方法。如果我们让孩子们的合作能力得到充分发挥，让他们成为社会关注的焦点，也会减少犯罪的发生，并且久而久之定会产生不错的效果。这时，诱惑和唆使将对这些孩子失去作用，他们即使遇到了难以解决的问题，也仍会保持着自己的合作与关爱精神，与我们相比，他们的处事能力和合作能力一定会更加成熟。

很多犯罪分子都是在年纪很轻的时候就走上了犯罪的道路。一般来说，15 岁到 28 岁的孩子犯罪率是最高的。所以，我敢肯定地说，我们的努力很快就会见到成效的，如果孩子受到了正规的教育，一定会影响整个家庭。对于父母来说，最欣慰的事就是培养一个志向远大、乐观向上、自强自立、全面发展的孩子。如果孩子得到了正确的培养，那么合作精神就会遍布全球，人类也会发展到一个新的高度。我们不但要影响孩子，还要关注影响父母和家长的因素。

接下来，最后一个问题就是从哪里入手最好，且应该采取怎样的方法培养孩子解决困难的能力。我们需要培训他们的父母吗？当然不，这样并不可行。与之父母面对面我们很难做到，并且那些真正需要培训的父母更不会接受我们的意见。所以，我们只好另寻他路。那么，将这些孩子集中起来，实时监视他们的行动，不让他们随便外出呢？当然更不行。

其实，解决这一问题有一种很实用的方法：动用老师的力量。我们可以训练老师，让他们培养孩子的社交能力，并纠正他们在家里养成的错误观念，从而使他们培养自己的兴趣，关注他人。这应是学校自然的发展方向。正是因为家庭不能解决孩子人生中的所有问题，所以才有了学校。那么，我们为什么不利用学校让孩子提高自己的社交能力和合作能力，让大家为人类的幸福共同进步呢？

总之，在文明的现代社会中，我们所享用的一切都是那些为人类做贡献的先辈们留给我们的。如果我们互相之间没有合作、没有感情、没有奉献，人生只能是一片荒地，也不会遗留下有用的东西。只有甘于奉献的人，才会有所成就，并为后人所铭记。如果我们在这一基础上教育孩子，那么他们长大后必定愿意与人合作。即使遇到困难，他们也不会畏畏缩缩，而是勇敢面对，不损害他人利益，并且采取最佳的办法解决问题。

第十章　职业问题

平衡人生难题

束缚人类的三种联系引发了人生的三大问题，这三个问题都不能被单独处理，在解决其中任何一个问题之前都必须先让其他两个问题得以解决。第一种联系产生职业问题。我们在这个地球上，依赖着土地、矿物、空气、水等物质而生存，所以解决地球带给我们的问题就成了我们人生中的重要一课。一直到今天，我们都无法使这一问题得到很好的解决。在某一段时期内，这些问题似乎在某种程度上得到了解决，然而它们仍然急需发展和改进。

要想解决好我们的职业问题，必须先处理好另一个问题——人际交往的问题。联系人类的第二个因素就是要承认这样的事实：我们都是人类中的一员，要想生存就必须和他人发生联系。如果世界上只有一个人存在，那他的人生态度和行为方式与现在将有很大不同。但是，我们必须联想到其他人的利益，要使自己适应他人、关爱他人。解决这一问题的最佳方法就是形成友谊、培养责任感并与他人合作。如果人际交往的问题解决了，我们就更容易解决职业问题了。

由于人类知道了如何合作，才有了分工的意识，这也是人类幸福的一大前提。如果人们只想凭一己之力在自己的土地上谋生，从不想与人合作，也不吸取前人合作的经验，那么生命要想得到维持将是一个很难的问题。只有我们懂得了分工劳动，才能让我们的各种技能得到培养，并学会组合。如此，这些不同能力的组合就成为为人类谋取利益的方式，它既可保障人类的安全，也可为更多成员提供工作的机会。当然，我们并不能说这种合作的结果已经很令人满意，并且分工也仍然没有达到完美的境地。但是，要想解决工作中的问题，就必须以分工劳动为前提，然后将自己的力量贡献出来，共同创造美好的未来。

　　生活中的一些人并没有将工作看成人生中的一个问题，而是对此不闻不问。他们要么赋闲在家，要么就是只做一些与大众关注的工作毫不相干的事情。但是，他们虽然不想参加到工作当中，却总在乞求他人的帮助。他们总是以各种方式去索取别人的劳动成果，自己却不付出分毫。那些被宠坏的孩子就总是抱有这样的人生态度，他们无论何时，只要遇到困难就会要求他人帮助，他们从不自己解决问题，正是这种被惯坏的孩子将人类合作的因素搞乱了，并且将自己的负担压在了他人身上。

　　人类的第三种联系就是我们的性别问题。在延续人类的过程中我们所占的地位与我们对异性的看法和以自己性别付诸实践的程度有关。两性问题同样是不能孤立存在的，和其他两个问题一样。要想让我们的爱情和婚姻问题得到很好的解决，促进我们更好地发展的职业是必不可少的，除此之外，与他人的友好相处也是必需的。正如我们所见到的，如今解决这一问题的最佳方法就是一夫一妻制。对待爱情和婚姻的人生态度可以将我们在日常生活中的合作精神体现出来。

这三个问题都是互相影响的，从来不会孤立存在。只要其中的一个问题得到了解决，那么定会有助于其他两个问题的处理。其实，我们可以这样说：它们是一个问题的不同方面，而这个问题则是人类必须在自己所处的环境中繁衍生息。

有时，某些职业可以为人们避免与人交往和步入爱情提供一些托词。在如今这个现代化的社会中，有一些人常常以忙碌为借口让自己远离爱情和与人交往，这也成为他们婚姻失败后的托词。一个对工作几近痴狂的男人总会这样想："我没有精力和时间用在自己的爱情上，所以对于婚姻的不幸我不应负任何责任。"神经官能症患者也常常以此为借口逃脱自己的婚姻和人际关系。他们几乎不和异性相处，对别人也从不感兴趣，只知道整天埋头于工作之中。他们不管白天晚上，满脑子都是工作、工作，他们把自己搞得高度紧张。所以在这种紧张情绪之下，久而久之就会出现一些神经官能症的症状，比如胃痉挛。而这些疾病随后便会成为他们避免社交和婚姻的另一借口。有些人总是在不断地更换工作，他们总是没有确切的定位，总认为还有更适合自己的工作，结果他们只能是一事无成。

早期培养

家庭和学校影响

对孩子的职业兴趣有着最初影响的人便是母亲。孩子在四五岁时对职业的认识，将对他以后的事业发展方向有着决定性作用。如果有人问到我关于就业的问题，我都会问他们小时候的梦想及那时最感兴趣的事情。那一段时间的记忆有很大的用处，从中我们可以知道他的思想是怎样的，他的理想和人生目标也会得到显现。之后，我还会讲到关于最初记忆的重要性。

学校是培养孩子兴趣的第二因素，如今学校越来越重视对学生职业方面的培训，他们会让学生在学校中锻炼动手、动脑和观察能力，为以后的职业发展打下基础。这种培训和教授知识是同等重要的。但是我们应该知道，孩子所学的科目对他们的影响同样很大。虽然有些社会上的人士总是说，我已经将在学校中学习的拉丁文或法文忘掉了，但是我们并不能因此否认教授这些课程的必要性。通过以前所讲的，我们会发现这些课程可以让我们的兴趣得到发展。如今，那些新式的学校很注重技能的培训和手工技能的锻炼，这样既可让孩子亲身实践，又可以提高他们的自信心。

纠正潜在错误

有这样一些人，认为任何工作都不会令他满意。他们要的其实并不是工作，而是一种安逸，一种享受。因为认为自己的人生中不会出现什么问题，所以也从来不想着去面对问题。他们都是些被宠坏的孩子，生活中只祈求别人的帮助。

还有一些孩子根本不想领导他人，而是时时想跟随他人，他寻找到这个领导者后，就会甘愿服从于他。这样的习惯是没有益处的，如果能让这种人顺从的性格得到遏制，我会深感欣慰的。但是如果这种习惯在童年时期得不到改变，其在以后的生活中也定不能担当领导者的角色，他们只能是一个处处受制于人的小员工，总是顺从他人。

懒惰、邋遢和散漫的习惯同样是在童年时期形成的。当我们看到孩子总是在逃避困难时，就要用科学的方法找出其原因，并帮他们改正。假如我们生活在一个无需工作便可得到一切的星球上，那么懒惰定会是一种好的习惯，而勤奋反而会成为多此一举的行为。但是我们生活在地球上的事实表明，我们不得不努力工作，加紧合作，奉献自我，这才是最合乎常理的答案。人们对这一点的理解一般都是通过感觉来认定的，下面让我们从科学的角度进行分析。

天才与早期努力

在那些卓越的人身上我们更能明显地看出早期培养的好处，并且，对卓越人才的分析可以让我们更深刻地了解这一问题。只有那些为公共利益做出了巨大贡献的人才会被我们称为天才或人才，而没有一个人称那些没有一点作为的人为天才。任何事情的成功都是我们人类共同合作的结果，而那些卓越之人只是将文明的水平推到了一个更高的境界。

在《荷马史诗》中作者只提到了三种颜色，并且这三种颜色可以将所有颜色区分开来。其实，那时的人们也早已注意到各种颜色的色彩差异，但是他们却以为这种区别不值一提，所以并没有赋予它们一个合适的名字。那么是谁对它们进行了区分，并给予了它们一个代名词？显然，是那些画家和艺术家们。作曲家让我们的听觉得到了提高，让我们懂得了怎样去欣赏音乐。如今我们不会再像我们的祖先那样只会发出沙哑的声音，而是可以哼出动听的乐曲，这些不得不说是作曲家的功劳，是他们滋润了我们的灵魂，训练了我们的听觉和发音。是谁让我们的感情变得丰富，言谈变得文雅，思维变得敏捷？是诗人。他们让我们的语言变得丰富，让我们的表达更加生动，且使我们在任何场合都可适当地运用。

不可置疑，卓越之人的合作精神最强。虽然在他们的言谈举止和为人处事中我们不能看出他们的合作精神，但是从其一生的成就来看，其合作精神就会显露出来。与他们合作并不简单，因为他们所走的路途充满了艰难坎坷。他们走向这条道路的时候，常常会让自己的身体变得残缺。如果纵观那些杰出的人物，我们就会发现，他们几乎都有着身体的缺陷，然而即使他们有着先天的不足，也仍然靠着自己的奋力拼搏克服着种种困难。其中最为明显的是，他们年纪轻轻就对周围的事物产生了兴趣，并且从小就刻苦勤奋，永不停歇。他们将自己锻炼得机智敏捷，让自己去接触并了解世上的各种问题。我们通过对他们早期训练的了解，可以得出这样的结论：他们的卓越是后天培养的，而非天生的遗传或先辈的恩赐。他们通过自己的努力为后人留下了大量的劳动成果。

培养人才

儿时的勤奋会为日后的成功奠定坚实的基础。如果一个三四岁的小女孩在独处的时候开始为自己的布娃娃缝制帽子，我们看到后开始夸奖她缝得很漂亮，并且告诉她怎样会让帽子看起来更漂亮，在你的鼓励下，她以后就会慢慢提高自己的手艺。但是如果你在看到她缝制帽子的时候说："赶快将针放下，否则会伤害到你的。你根本不用自己去做，你想要的话我会给你买一顶很漂亮的。"然后她肯定会立即放下手中的活计。如果我们继续观察这两个女孩的日后发展，我们就会知道，第一个女孩的手工艺会越来越好，并对劳动很感兴趣；而第二个女孩根本不知道自己可以做什么，因为她认为只要是买的东西都会比她做的好。

童年志向

如果一个孩子在儿童时期就为自己的未来定下了准确的目标，那么他的成长会更加顺利。当我们问孩子长大之后做什么的时候，总会听到一些远大的志向。但是，他们在回答的时候一般都是没有经过任何考虑的，比如他们说自己想当飞行员或火车司机，却不知道选择这些职业的原因。这就需要我们找到孩子立下此志向的原因，发现他们努力的方向、立此志向的动力，他们的具体目标，以及他们为什么认为自己有能力完成这项工作。其实他们的回答只能说明在他们心中这种职业是最有成就感的，然而我们可以通过这一职业来从其他方面帮他们寻求成就感。

孩子在 12 岁至 14 岁的时候，对于人生的目标会有更明确的认识，可是如果此时他们还不知道自己的人生目标是什么，我不得不说很遗憾。没有明确的目标，并不是说他们对任何事都没有兴趣。他们也许是有志向的，但只是不想让别人知道。这种情况下，我们一定要尽力了解他的主要兴趣和他所接受过的训练。有些孩子即使已经 16 岁了，已经高中毕业，也仍不知道自己要从事怎样的职业。这些孩子往往在学校的成绩很优秀，却不知道下一步的

人生道路该怎么走。这些孩子并不缺乏抱负，但是缺少合作精神。在分工劳动中他们并不知道该如何给自己定位，更不知道实现理想的方法。

所以，早一点让孩子给未来职业一个定位还是有益处的。在课上我经常问孩子们这个问题，所以他们不得不细心考虑，并且也避免了他们敷衍了事或不知所措。除此之外，我也会问他们选择这一职业的原因，他们也会实事求是地回答。从他们对职业的选择中，我可以看到他们人生的态度。他们还会说出自己需要努力的方向和他们心中最有价值的东西。我们有必要让他们去选择在他们心中有价值的工作，因为任何工作都没有高低贵贱之分。如果他在自己的工作岗位上努力奋斗，为大家做出自己的贡献，那么他就是一个栋梁之才。而他们的责任则是让自己得到锻炼，自强自立，在分工的基础上实现自己的目标。

大多数人在成年之后的兴趣仍然受到四五岁时目标的影响，但是往往由于父母的压力和经济所迫，不得不从事自己不喜欢的职业。这也是一种早期影响的表现。

早期记忆

在给一个人提供就业指导的时候，他最初的记忆也是我们需要考虑的问题。在一个人的最初记忆中，如果对与视觉相关的事物感兴趣，那么他此时就需要从事与视觉相关的职业。如果某人说他对人们的谈话和风铃的声音很敏感，那就说明他的听觉很敏感，那么与音乐相关的职业也许更适合他。有些孩子也许还会说起关于运动的印象比较深刻，此类孩子常常比较好动，那么关于体力的或者出外旅游的职业也许更适合他。

角色扮演

我们如果对孩子们的行为进行仔细观察，就会发现，他们此时正在为以后所从事的职业奠定基础。有很多孩子很喜欢技术或者机械，如果让他们向此方向发展，定会对以后的职业有所帮助。在孩子所玩的游戏中，我们也可看出他们的兴趣所在。比如，长大后想当老师的孩子，常常会把一群孩子聚集在一起，模仿老师教学的样子。

那些想成为妈妈的小女孩常常拿着布娃娃玩耍，从而让自己对婴儿产生兴趣。我们应该支持她们的这种做法。也许有人认为，和布娃娃在一起会让孩子脱离现实，其实，她们此时正在培养自己履行一个母亲的职责。在儿时培养这种兴趣是很有必要的，因为一旦错过了合适的年龄，就无法再提起她们的此种兴趣。

我在这里将再次提到女人对人类生命所做的贡献，母亲的功劳是可以肆意进行夸奖的。如果一位母亲对自己的孩子十分关心，极力将孩子培养成社会的栋梁，并且帮助孩子寻找他们的兴趣所在，让他们懂得与人合作，那么这位母亲就是功德无量的。在现实生活中，人们往往认为母亲的角色是无关紧要的，并且认为她们所做的事也是毫无意义的。母亲所付出的一切常常是不能直接得到回报的，并且一个专职的母亲在经济上还要依靠他人。但是，一个成功的家庭是需要父母双方共同付出的，不管作为专职母亲还是职业女性，她们和丈夫的重要性都是平等的。

影响择业的因素

当孩子们在儿时的时候目睹过有人突然患病或者死亡，他们就会对这些事心有余悸。他们想长大后成为医生或者护士。此时，我们应该鼓励他们朝着自己的理想前进，因为据我所知，那些对自己的职业很满意的医生在儿时就已经对这一职业产生了浓厚的兴趣。有时，对死亡的惧怕也会让他们以另一种方式去加以弥补。比如，他们会通过艺术类或文学类的创作使自己的"生命"得以延续，也可能成为宗教徒。

在孩子心中，最普遍的一种目标常常是胜过家庭中的某个人，尤其是自己的父母。这样的目标价值非凡，我们也常常看到这样的事例。并且，如果孩子想让自己的成就超越自己的父母，父母的经验就会为其提供一个很好的基础。如果父亲是警察，孩子也许想成为法官或律师。如果父亲是医院的职员，孩子也许想成为医生或者大夫。如果父亲是老师，孩子可能想成为教授。

如果一个家庭对金钱的重视程度超过其他，那么孩子很可能会以挣钱的多少来衡量所从事职业的高低。这种错误极其严重，因为这样无法使孩子形成为人类奉献的价值观。如果在孩子心中认为钱才是最至高无上的，那么他们就会抛弃与他人的合作，只谋求自己的利益。如果他把钱作为自己唯一目的的话，那么利用一些不法手段去取得钱财也就不足为怪了。假使他们不会走上犯罪的道路，心中还稍微留有一些责任感，当他们变得富有时，对社会和他人也不会有多大益处。在如今这个复杂的社会中，以不法手段走上"致富之路"的人很多。有时，一条犯罪的道路从某些方面来讲竟然成为了"成功之路"。我们并不能肯定有着正确人生态度的人一定会成功，但是我却相信，他们永远会精神焕发，自强不息。

解决之道

要想解决儿童问题，我们首先要找到他们的兴趣所在。只有做好这一点，才能更好地帮助和鼓励他们。当年轻人不知自己如何选择职业和中年人在职场不顺时，我们就需要帮助他们找到他们的兴趣，并真诚地为他们提出建议，给他们正确的指导。这并不是一件容易的事。如今，失业人数的增加引起了人们的注意。可见我们所处的环境并不利于我们精神的提升。所以，我想只要认识到合作的重要性的人都应该消除事业现象，让每个人都得到一份自己满意的工作。

针对这种情况，我们可以通过开办培训学校、技术学校和成人教育来加以改变。很多人失去工作都是因为没有一技之长。这些人从没有对生活和社会产生过兴趣。社会中有许多无所事事或对公共利益不屑一顾的人，只能说他们是社会的一种负担。这些人知道自己没有任何优势，也几乎没有价值可言，这就致使很多文化程度较低的人经常走向犯罪的道路，或者成为精神病患者和自杀者，因为他们受教育的程度很低，所以他们总是居于人后。这就需要我们的家长、教师和所有注重人类发展进步的人，要让自己的孩子受到良好的教育，让他们在长大后可以为自己找到正确的位置。

第十一章　个体与社会群体

增进合作

与同胞建立共同的友谊，是我们人类最初的愿望之一。正是因为有了朋友之间的相互关心，我们人类才得以发展。在一个家庭中，相互的关心爱护更是必不可少的。纵观历史，不管哪朝哪代，我们都会看到一个大家族相亲相爱的情景。即使原始社会亦是如此，他们同样会用统一的标志将同族人召集在一起，建立互助互爱的关系。

宗教的角色

宗教信仰的雏形应该就是图腾崇拜。有的部落会把蜥蜴当作图腾，而有的部落则可能把公牛或蟒蛇当作图腾。有共同图腾崇拜的人会联合在一起共同合作，他们也会将其中的成员都看成自己的同胞。在原始部落中，这种方法可以很好地让人类之间保持共同协作。每逢原始宗教的祭祀日，有着共同图腾崇拜的人就会聚到一起，讨论今年的收获以及预防外敌和自然灾害的方法。

当时的婚姻被认为是一件关系整个部落利益的事情。每个男人都要按照部落的规则，在部落外寻找结婚对象。即使在社会发展的今天，婚姻也不是个人的事，而是全人类都共同参与的事情。婚后，双方都要承担自己的责任，这是社会赋予他们的义务。并且社会还希望他们生出健康的孩子，然后共同抚养。所以，全人类对婚姻的态度一贯都是支持。虽然在我们看来，原始社会中用图腾、风俗和一些制度去约束婚姻是十分荒谬的，但是我们并不能低估婚姻在那时的作用，其为人类之间的合作做出了巨大贡献。

在基督教中，有一条重要的法则："爱你的邻居"，从这里我们可以看出人类为了同类之间的合作所做的努力。有趣的是，从科学的角度来说，这种观点也是很有价值的。一个被过分宠爱的孩子也许会问："为什么我要爱我的邻居？我的邻居爱我吗？"从中我们可以看到他们合作精神的缺乏和自私自利精神的主导。那些对他人冷漠的人，往往会遇到人生中最难解的问题，也会最大地伤害到他人的利益。这一类人最终往往都是失败者。很多宗教或团体都有自己倡导合作的方法，我对那些将合作当作人生目标并为之努力的人表示深深的敬意。争吵、批判或贬低对方都是没有任何意义的。我们还搞不懂什么是真正的真理，因为有无数条道路可以让人类达成合作的愿望，然而哪条是最合适的，我却不敢肯定。

政治运动和社会活动

我们都知道，世上的政治制度多种多样，但是无论哪种制度，无论由谁执政，若缺少了合作精神，都不会有所作为。所有的政客都会把促进人类发展当作最终目标，人类的进步从某一方面来说便是让人类具有更高的合作精神。我们总是无法得知到底哪个政党会带我们走向合作的更高层次，因为他们的人生态度不同，所用的方法也是不尽相同的。但是如果一个政党可以让党内成员合作得更好，我们就可以认定它是好的。对于社会上那些不同的活动，我们也总是这样去判断。如果这些活动的参与者，目的只是让他们的孩子成长为国家的栋梁，让他们有更强的责任感，并尊重自己国家的文化和传统，且按照自己认为最理想的方式去改变或修订法律，那么他们的努力就是有益的。阶级运动同样是以促进人类发展为目的，同样是团体的合作运动，我们不应片面地去反对。

所以，我们判断阶级活动是否进步的标准就是看其是否会促进人类的发展和人类的合作。促进合作的方法多种多样，有些方法也许并非正大光明，但是只要其目的是促进人类合作，我们就不应该因为方法不正确而加以排斥。

兴趣缺失与沟通障碍

利己主义

我们坚决反对某些人自私自利的态度。无论对个人还是集体来说，这种人都会起到一种阻碍作用。只有和周围的人互助互爱，才能促使人类向前发展。与人交流的方式首先就是要说话、读书、写字，而语言是人类共同努力的结果，也是人们交流的产物。相互理解是人类之间的事而非个人之事。理解的内涵即通过与人分享的方式去弄懂其中的含义。

世界上总有一些人，一直以追求自身利益为目标，只想让自己得到发展。在他们眼中，人生存的意义就是为了谋求个人利益。但是，这种观点却不被大多数人接受。所以，我们会发现，这样的人根本不能很好地和周围的人沟通。当我们遇到这种只想到自己利益的人，定会在他们脸上寻找到鄙夷和迷茫的表情，就像在罪犯和精神病人脸上发现的一样。他们从不会用眼神与人交流，甚至对世界的感知能力也与常人不同。这样的人往往对周围的人嗤之以鼻，他们从不关注对方的表情和眼神，而是将目光移向他处。

精神障碍

在与神经官能症病人沟通的时候，我们就常常遇到此类问题。这种人很难与他人沟通交流，其主要原因是对他人没有任何兴趣。所以，他们常常会出现一些强迫的症状，比如脸红、结巴、阳痿、早泄等等。

自闭症发展到最严重的程度就会成为精神病。对于精神病患者而言，如果在他人的帮助下能够让他对别人产生兴趣，那么也并非无法治愈。只是这种病人和单一的自闭症患者而言，内心更疏远社会而已，此时可能只有选择自杀的人能够与之相比。所以，治愈这种病是难上加难。我们首先要让病人和我们合作，而要做到这样，就只能依靠我们的善良和仁慈之心加以耐心引导了。我曾被邀请去治疗一个患病八年的精神分裂症女孩，她从第七年开始才被送进精神病医院。那时的她已经接近疯狂状态，她学狗叫，到处吐口水，扯自己的衣服，曾经还想将手帕吞进肚子，从她的状态中可以知道她几乎没有了对任何人的兴趣。在她的心里，母亲待她就像一条狗一样，所以她只想当一条狗，其实这也很容易理解。她的行为似乎在说："越接触你们这些人，我就越想让自己成为一条狗。"我和她聊天一直聊了八天，可是她一个字都没有说。我仍在继续和她谈心，直到一个月之后，她才说出了一些混乱不清、常人不能理解的话语。我对她的友好，给了她很大的动力。

这种病人即使因为别人的鼓励而有了勇气，他们也不知道该如何去做，因为他们内心对周围人的排斥感太强。从她的身上我们可以猜到，她想面对生活却不想合作所表现出的行为。她会像一个问题儿童，想尽一切办法去制造麻烦，比如摔东西、袭击医生。在我和她聊天的时候，她就曾袭击过我。我不得不去想该如何应付了，结果我没有任何反抗的表现，这让她深感意外。女孩的手劲并不大，我接受着她的捶打，并继续用友好的眼神望着她。我的表现显然出乎她的意料，所以她就不再继续，反抗的情绪也慢慢消失了。

　　虽然我将她的勇气唤醒，但是她仍不知如何去做。她将我的玻璃打碎，然后用碎片将自己的手指割破。对她的行为我没有丝毫责备的意思，反而帮她把受伤的手指包扎好。一般人遇到这种事情，常常是将他们关起来，可是这并不是治疗她的最佳办法。对于治疗和女孩类似的病人，我们要采用不同的方法。如果对待精神病人和对待常人使用的方法相同，那么你就犯下了一个很大的错误。因为精神病人和正常人做出的反应大不相同，所以常常将我们激怒。其实，对待他们最好的办法就是，当他们有不吃饭或者撕扯衣服的类似举动时，不要呵斥，应该任其而为。

　　后来，这个女孩被治愈了。一年之后，她仍然没有表现出任何病态。有一天，我在去她住过的那所精神病医院的路上，遇见了她。

　　她问我："你要去哪儿？"

　　我说："你和我一块儿去吧！我要去那所你曾待过两年的医院。"所以我们一块儿去了医院，我们见到了曾经为她治疗的医生，我在给其他病人看病的时候我让那个医生陪她聊会儿天。可是，当我再回来见到他们的时候，我发现了那位医生脸上的不悦。

他说："她的确完全康复了，可是她不喜欢我，这让我很生气。"

在后来的十年时间里，我时常遇见那位女孩，她已经没有了任何不正常的反应。她可以挣钱养活自己，与他人相处也很融洽，别人都看不出她曾是一个精神病患者。

从妄想症和忧郁症患者的身上我们可以更明显地看到与人疏远的现象。妄想症病人会抱怨所有的人，他认为别人都联合起来与自己对抗。抑郁症的患者则过于自责。比如，他们总说"是我毁坏了我的家庭"或"我的钱全丢了，我的孩子一定会挨饿"。然而，虽然这个人一直在责备自己，但那不过是用来演戏的而已，其实他责备的是别人。

比如，一个颇有影响力的女人，在经历了一次意外之后，无法再继续她的社交活动了；而她的三个女儿都已出嫁，所以她感到异常孤单。与此同时，她的丈夫又去世了。从前，她一直是被人宠爱的人，她想找回失去的一切。她开始环游欧洲，可是她再也感受不到自己之前的那种重要地位了，于是在国外的时候，她患上了忧郁症。

对于处在这种环境的人来说，优郁症是对她极大的考验。她给女儿们发了电报，让她们来看她，可是每个人都有自己的理由，结果谁都没来。她回到家后，就开始常常唠叨一句话："女儿们对我都很好。"女儿们让她一个人住，为她请了保姆，只是偶尔过来看看。她说的那些话其实是对女儿们的一种责备，了解内情的人都明白她的意思。抑郁症患者对别人的怨恨和责备，其实只是想得到一种关爱和同情，病人只好对自己的罪过表现得很失望和无奈。抑郁症病人最初的记忆常常这样："我记得自己将要躺在一把长椅上的时候，我的兄弟过来抢占了它。所以我就开始哭闹，最后他只好让给我。"

抑郁症病人常常选择自杀来对他人进行报复，所以医生首先要做到的就是，不要为他们的自杀提供任何理由。我自己解决这类问题时，总爱说这样一句话："任何时候都不要做你不喜欢的事。"这看似微不足道，可是却能触及问题的本源。如果一个抑郁症患者可以为所欲为，他还有什么可以责备的呢？他还要报复谁呢？我对他说："如果你想去戏院，或者去度假，就去吧。如果走到半路你又想回来了，那就不要去了。"

这是任何人都可以达到的境界，这样可以使他对优越感的追求得到满足。他觉得自己像神一样，想做什么就做什么。但是，这种境界却很难与他的人生态度相一致。他一直想控制别人，可是如果人人顺着他，他就没必要去控制他人了。我采取的这种方法很有效，并且我的病人中没有一个人有过自杀行为。但是，最好的办法是找人看管他们，但是却不能对他们严加看管。只有有人在旁边照顾，病人就不会有危险了。

当我提出自己的意见时，病人常说："可是我没有什么喜欢的事可以做。"

我对这种回答早有准备，因为我已经听过太多此类的话。我说："只要不做你不喜欢的事就行了。"

有时病人也会这样说："我只想每天在床上躺着。"

我知道如果我建议他这么做，他肯定不会这么做。如果我阻止他的行为，他就会与我对抗。所以我使用的方法之一就是顺着他的意思说。除此之外，还有一种直接挑战人生态度的方法，即我对他说："只要你照我的意思办，我保证你会在两周之内好起来。

切记：每天都要想办法让别人快乐。"

想一下，我这样做会怎样？平时他们满脑子想的总是："我怎样给别人添麻烦。"

他们的回答会很可笑。有的人说："这很简单呀！我一直都是这么做的。"

当然，实际上，他们并未这么想过，我想让他们好好思索这个问题，可是他们却不会照我的意思去做。我对他们说："在你不睡觉的时候，你可以想想怎样让别人开心，这样做很有利于你的康复。"

当改天我再问道："你们考虑我的建议没有？"

他们却说："做完一回家就睡着了。"

当然，与他们交流、沟通的时候我们一定要和蔼、友善，不能有任何训斥的意思。

有些人会说："我从来没想过怎样让别人快乐，我还烦着呢。"

我会说："那你就继续烦吧，不过有时间的时候还是要考虑一下别人的。"我想让他们把兴趣转向别人。

也有很多人会说："我为什么要让别人开心？他们也没有让我开心呀！"

我答道："可是你必须想到自己的健康，如果你不为别人着想会使你受到伤害的。"

据我所知，几乎很少有病人会说："我仔细想过你的建议了。"我所做的一切都是想让病人增加对社会交往的兴趣。我知道他们得病的原因主要是缺乏与人合作，我同样想让他们知道这一点。只要他可以在平等合作的基础上与人交流，他就可以康复了。

过失犯罪

社会交往的欠缺还会引起另一种情景，即过失犯罪。比如，一个男人因为扔了一根还燃着的火柴而引发了一场森林大火。或者最近发生的一件事：一个工人将一段电缆暴露在外就回家去了，结果一辆摩托车经过的时候撞了上去，司机当场死亡。在这两个案例中，肇事者并非真想害人。从道德上来讲，他们似乎并没有什么责任。可是从安全方面来说，他不能自觉地考虑到他人的安全而采取防范措施，也是一种缺乏合作精神的表象。有关此类事例，我们还常常看到：一个破衣烂衫的孩子踩了别人的脚、摔碎了杯子、弄坏了公共物品等损人不利己的事情发生。

社交兴趣与社会平等

家庭或学校是培养孩子合作精神的场所。对于阻碍孩子成长的因素我们之前已经说过。也许社会责任感并不是遗传所致，但是社会责任感的潜能却和遗传有着密切的联系。影响这种潜力发展的因素有：父母培养孩子的技巧、对孩子的关心程度、孩子对周围环境的判断等。如果他认为周围的人都是仇敌，他认为自己被一群敌人时刻包围着，他肯定不会交到朋友，也不会有人把他当作朋友。如果他觉得周围的人都应该受他的驱使，那么他想到的也不是如何帮助别人，而是如何控制别人。如果他只关注自己的感觉或身体上的不适，那么他就不会敞开心扉与人交往。

我之前已经说过为什么孩子要把自己看成家庭中的一员，并对其他人怀有关爱之心。我们还讲到父母之间应该和谐相处，并将这种和谐和友好延伸到家庭之外。这样就会让孩子觉得家里人和周围的人都是一样值得信赖的。我们还说，在学校让孩子认为自己是班级中的一员，同学之间都是好朋友，他们的友谊是可靠的。家庭和学校的交往，都是为以后步入社会做准备。家庭和学校的责任就是把孩子培养成社会中的一员，让其成为人类平等中的一员。只有在这种情况下，他才会有勇气和信心面对人生的挫折，才可以做有益于社会的事情。

如果一个人是众人的朋友，并将有益的工作和美满的婚姻贡献给社会，那么他自身就不再有自卑感和挫败感。他会觉得自己生活在一个自由自在、充满爱心的世界中，他所见的都是自己喜欢的人，当遇到困难时会有人与其一起承担。他会觉得："这个世界是我们共同的世界。我们必须事事付诸行动，不可观望退缩。"他应该明白，现在只是历史长河中的一个小小的阶段，而自己则属于人类的过去、现在和未来的整个过程的一部分。他也会感受到，此时正是自己完成开创性工作、为人类贡献力量的时候。世界上的确有很多罪恶、挫折、不公和磨难，但这是我们的世界，无论善恶美丑，这都是不争的事实。我们在这里工作，要让它更加美好。我可以肯定地说，如果人人都可以以正确的态度面对自己应该承担的责任，就不会辜负自己肩负的历史使命。

担负起自己的职责，也就意味着以合作的态度承担起解决人生三大问题的责任。我们对一个人所提出的最高要求和给予其的最高荣誉就是：在工作中，是一位好员工；在朋友中，是一个好伙伴；在爱情和婚姻中，是一个好伴侣。总之，一个人应该证明自己是人类忠实的朋友。

第十二章　爱情与婚姻

爱情、合作与社会兴趣的重要性

据说在德国的某一地区，一直流传着一个古老的习俗，它可以测定未婚男女是否适合在一起生活。在结婚前，他们会被带到一片空地上，在那里放着一棵被砍倒的树。有人会将一个两人拉的锯子放到他们手中，让他们把树锯为两截，由此，可以看出他们之间的合作默契度。这项工作需要两个人才能完成，如果他们之间没有默契，只会白费很多力气，所以很难做到。如果一个人想把事情独揽下来，那么时间则会延长两倍。所以两人必须共同用力，互相配合。在这一地区的人们认为这是幸福生活的前提。

如果有人要我解释什么是爱情和婚姻，我将会做如下回答：可能这一答案并不完整：爱情的结果是婚姻，他们都是一方对另一方的付出，主要体现方式为以身体去吸引对方、两人相伴终生并延续后代的行为。爱情和婚姻需要合作，这不单是为了双方的幸福，更是为全人类的幸福。

爱情和婚姻是为了全人类的幸福所完成的合作，它可以贯穿这一主题的方方面面。即使是人类最原始的肉体吸引，也是必不可少的。我之前提到，正因为人类受着各方面的约束和限制，所以无法在地球上永存。而想人类一直延续的方法就是繁衍生息，所以身体的吸引和生育能力是人类不可逢缺的因素。

当今时代，对于爱情的阐述不尽相同，其中所遇到的问题也大不相同。已婚男女会遇到各种难题，并且又受到父母的关注，所以他们的难题会对整个社会产生影响。要想解决这些问题，就不能对事物的分析存有偏见。我们必须公正地讨论这一问题，不要让其他的一切因素干扰我们这场自由而全面的争论。

然而，我并非指要把爱情和婚姻完全孤立起来加以分析。在处理此问题时，我们不可能不受任何约束，也不可能完全凭个人想法去解决。人人都会受到环境的限制，所以我们解决问题时也要考虑环境的因素，并与之适应。正如我们之前分析人生的三大制约时一样：一、我们生活在地球上，就必须适应这个环境，并在这样的环境中生存；二、我们和他们共同生活在这个社会中，所以必须与人相处；三、人类由两种性别组成，人类的延续和发展必须依赖于两性关系的良好发展。

由此可见，如果一个人将其生活的意义归于对他人和社会的谋取利益，那么他做任何事情的时候会首先想到他人，在爱情和婚姻的问题上他同样会想到这是一个关系整个人类的问题。他虽然这样做，但可能自己并未意识到，如果你问他这样做的原因，他可能不知如何作答。但是，他一直在无意中为人类的幸福做着贡献，这种行为已经体现在他所有的行动之中。

有些人对人类的幸福极度漠然。他们从不会问："我可以为他人做些什么？""我如何才能成为社会中的优秀人物？"而是常常问：

"我可以从中得到哪些益处？我得到的关心够多吗？我是不是赢得了他人的关注？"一个持此种态度对待人生的人，对爱情和婚姻的问题同样如此。他会想：我怎样才能远离这个麻烦？

有些心理学家认为，爱情是人的一种本能，然而事实并非如此。也许我们可以说性行为是一种本能，但是爱情和婚姻并不只是满足性的欲望而已。如今，我们越来越发现，人类的各种冲动和本能也在不断进步，比以前更加文明和高尚。我们逐渐摒弃了一些粗俗的欲望和爱好，比如，我们在处理婚姻问题上，学会了怎样才能避免争吵。我们也学会了衣冠整洁，礼貌待人。即使我们饥饿之时，也不会不顾一切地狼吞虎咽，而是让礼仪和文雅摆在了前面。在文明的促使下，我们的冲动受到了抑制，从中看到了人类对于社会的和谐所做的贡献。

如果我们把这种认知应用在爱情和婚姻问题上，就会发现，它牵涉到了大众的利益。如果在婚姻中只考虑某一方面是不能彻底解决问题的，不管是做出协商、让步还是做出新的规定，最终我们发现还得考虑整体的利益。也许我们已经找到了不错的解决办法，找到了令人满意的答案，但是我们也一定考虑了这一因素：地球上的人类由男女两种性别组成，并且他们必须合作才能更好地生存。只要我们将这一因素也加以考虑，那么得出的真理就经得住所有的考验。

平等的伙伴关系

我们研究这一问题之前就会发现，原来婚姻是一份需要两个人共同合作的工作；并且对于很多人来说，这一工作是全新的。

在婚姻之前，我们已经学会了自立，融入团体，但是配对工作还是接触较少的。所以，解决这一问题定会有一些困难。若双方都互相倾心，这一问题相对来说就会容易解决，因为他们总是主动给与对方关心。

其实，我们可以这样认为，为了让夫妻间的关系更加和谐，我们需要给对方更多的关心，甚至胜于对自己的。只有这样，我们的婚姻才会真正的美满幸福。这样我们就可以更清楚地看到在婚姻中自己所犯的错误。如果对对方的关爱胜于给自己的，那么他们之间就是平等的。如果双方都将心奉献给对方，就不会有所约束或存有自卑感了。但是，要想真正平等，双方必须都持这样的态度。只有我们努力为对方付出了，对方才会有安全感，才会认为自己是被需要的。再次，我找到了婚姻幸福的基本前提：你是最有价值的，你被我所需要，你是很优秀的，你既是我的伴侣又是我的朋友，这虽只是一种感觉，却需要用行动说明。

在婚姻的合作中，任何一方都不想让自己处于附属地位。如果一起生活的两个人，总有一个在支配或强迫着对方，那么他们的幸福并不存在。在现在的社会中，很多男人甚至女人还一直认为，男人应该是一家之主，是对女人进行统治的。这也就是很多婚姻不幸福的原因。任何人都不想毫无理由地附属于他人之下。所以夫妻双方只有地位平等，才能够共同克服生活中的困难。比如，在延续后代的问题上他们需要达成一致意见。如果他们不想要孩子，人类就不会得以发展。在子女教育的问题上他们仍然需要达成共识，当婚姻中出现裂痕时，他们要想方设法补救，因为不幸的婚姻对子女的健康成长没有任何益处。

婚前准备

如今，很多夫妇都对婚姻中双方的合作毫无准备。我们总是过于关注自己的成功，关注生活给予我们的利益，而不去想我们给生活带来了什么。两个人结婚后，就需要他们彼此以诚相待，紧密无间，但是如果他们不能做到彼此真诚相对，后果将非常严重。因为多数人是第一次接触这种关系的合作，所以总不能马上让自己去为对方的兴趣、目标、理想着想，他们并没有做好足够的准备共同应对生活中的难题，其实这也可以理解。由此我们对生活中的错误就能够加以解释了，但是现在我们要做的是认清事实，让这种错误不再发生。

生活方式和父母的婚姻态度

如果没有经过训练，成年生活的危机总会令我们手足无措、无从下手，因为我们对于危机所做出的反应始终与我们的人生态度相适应。我们对于婚姻的准备也不是一蹴而就的。观察一个孩子的言行举止、想法态度，我们就能预测到她成年之后的办事方法。一般人在五六岁的时候，已经对爱情的态度有了初步的认知。

在童年时期的孩子，就已经有了对爱情和婚姻的看法，但是这里指的并不是他们有了性需求，而是他们已经意识到这是人类生活的一部分。因为他们生活在拥有爱情和婚姻的环境中，所以这种意识会无意间闯入他们的思想。他们必须了解这些事情，并有自己的看法。

在儿童时期的孩子表现出对异性的喜欢，并拥有自己喜欢的对象时，并不能将之视为荒谬的或性早熟，也不要以此取笑他们。我们应该认为这是对爱情和婚姻的准备。我们不能忽视这件事，反而要积极引导，让孩子明白婚姻是人生的一件大事，它可以让我们为了人类的利益做出贡献，需要我们提前做好准备。这样，我们才会在他们的意识中种下这样一种思想：在今后的生活中，夫妻一定要互敬互爱。我们会发现，受到这种引导的孩子很自然地会拥有和谐完美的婚姻，即使他父母的婚姻并不幸福。

如果父母的婚姻幸福美满，孩子也会对婚姻有更大的信心。因为孩子对于婚姻的早期认识就是从父母那里得到的。家庭支离破碎的孩子，总会遇到更多的困难。如果父母的婚姻无法达到合作，又怎能将这种精神传达给孩子？当我们考察一个人是否适合结婚时，应该经常去观察他的成长环境以及其对父母和兄弟姐妹的看法。最主要的是，他谈婚论嫁的条件是什么，我们必须严肃对待这个问题。我们已经知道，环境并不能决定一个人的思想，他的思想应该是由他对环境的看法决定的。由此可见，他对环境的看法十分重要。可能在与父母的共同生活中，他并不幸福，经历了很多挫折，但是这也会激发他对美好生活的憧憬，他会尽力让自己的婚姻变得幸福。我们不能从一个人的成长环境去全面肯定或否定他。

友谊与工作的重要性

友谊是培养社会责任感的一种方式。通过友谊，我们可以学会推心置腹，以及如何体会别人的心情和感受。如果一个孩子遇到情感挫折无法脱离监护、孤孤单单长大，他就不会发展出为别人设想的能力。他总认为自己是世界上最重要的人，而且总是急于先考虑自己的利益。

学会交朋友是为婚姻做的一种准备。孩子们做的游戏如果能起到培养合作精神的作用，将会对他们的人生大有帮助，但通常我们发现，孩子所做的游戏多数是相互争斗和以超越对方为目的。营造两个孩子一起做功课、一起读书、一起学习的环境氛围会很有益处。我还认为，不应该轻视舞蹈的价值。跳舞是两个人共同参加的一项娱乐活动，学习跳舞对孩子很有好处。当然，我指的并不是今天的那种舞蹈，因为它与其说是两个人的活动，不如说是一个表演项目。如果我们有专供孩子跳的简易舞蹈，将对他们的成长发育更有帮助。

还有一件能帮助人们为婚姻做准备的事情就是工作。现在，人们将工作问题置于婚恋问题之前。婚姻中的一方或双方，必须先有份工作，这样才能保证婚后的生活，并撑起一个家庭。很显然，良好的婚姻准备也包括良好的工作准备。

性教育

我并不主张父母过早地让孩子了解性方面的知识，或是让他们知道超出他们理解能力的性知识。孩子对婚姻有怎样的看法十分重要，如果教导有误，他们会认为这些问题是危险的或者与他们毫无关联。据我所知，那些过早涉及性知识的孩子和性早熟的孩子，在长大之后反而会对爱情产生恐惧感。对他们而言，身体的吸引是异常危险的事情。如果孩子在长大后再去了解性知识，就不会再有恐惧感了，在处理男女关系上也会更加适当。

不要欺骗孩子，也不要刻意回避他们的问题，这样才是帮助他们的秘诀。我们应该知道问题背后所隐藏的东西，并向他们解释他们想知道的且他们所能理解的事情。将性知识毫不隐瞒地告诉孩子对他们是最具危险性的。这种问题最好让他们自己解决，孩子会凭借自己的认知能力去学习自己想要知道的知识。如果孩子和父母之间是相互信任的，孩子就不会在这方面出问题。

还有一些人存在这样的忧虑：孩子的同龄人会将一些不良信息传给他们，从而引导他们走上邪路。但是，我从没有见过一个在其他方面都很优秀却偏偏在此方面受侵害的孩乎，因为一个受到良好教育且有独立思考能力的孩子，是不备受到那些只言碎语的引诱的。对于出自同学口中的事，孩子们并不会轻易相信，因为他们一般都有自己的鉴别能力，如果他们并不知道别人的话是真是假，就会去询问自己的父母或者哥哥姐姐。但是，我不得不承认，孩子对于这方面问题的机敏程度更甚于他们的父母，所以往往不好意思发问。

选择配偶的影响因素

成人之间的互相吸引，在儿童时期就已经初露端倪。孩子们会博得异性的好感，或者他们对异性产生好感，都是从身体的吸引开始的。如果一个男孩对自己的母亲、姐妹或从其他女孩身上取得了好的印象，那么这种印象就会对他以后择偶的条件产生影响。有时，他们也会被画中的虚假人物所吸引，认为那是他们心目中的美女。所以，我们可以这样说，他们在以后的生活中并不是完全自由的，而是已经受到了某种思维的约束，从而朝这一方向去选择对象。

但是这种对美的追求并非毫无意义。我们一直把美貌和健康的体魄作为审美的基础，所以我们一直在致力于让自己发展成这样的人，在我们眼中，美似乎是永恒且对人类有所贡献的东西。我们希望自己的孩子长大后能给人留有美好的形象，这也正体现了美的魅力。

如果在现实生活中，女孩和自己的父亲关系不融洽，或者男孩和自己的母亲之间并不和谐（如果父母在婚姻中不能很好地合作，常常会发生这种事情），那么他们就有可能找一个与自己父母性格完全相反的人作为配偶。比如，一个男孩的母亲很尖刻，常常压制别人，而他偏偏性格软弱，害怕别人的压制，那么看似凶恶的女人就不会让他产生任何好感。这样就有可能让他走入一个误区，即他只喜欢和顺从他的女孩交往，但是，这样的婚姻并不平等，也一定不会幸福。如果他想向别人证明自己是一个强势的男人，那么还有可能找到一个看似强势的女人，然后让自己对她进行压制，从而显示出自己"大男子汉的气概"。如果他从小就和母亲的关系很淡漠，那么长大后他就很可能在爱情和婚姻中受挫，甚至对女性身体的吸引都毫不在意。这种影响如果发展过头，还可能造成他以后对女性的排斥和厌恶。

婚姻中的合作

在婚姻中只顾及自己的利益是对婚姻的最大忽视。如果存有这样的思想，那么，此人就会整天想到如何从生活中寻求快乐和刺激，而不想受到婚姻的任何约束和限制，更不会想到对方的生活是否快乐和舒心。这是对婚姻的极大破坏，这样的婚姻不会长久，终究会葬送在自己手中，这种办法不可模仿。所以，我们在恋爱中，不能只想着享乐而不去承担责任。

　　婚姻中如果掺杂了犹豫和猜忌的成分，就已注定不会幸福。婚姻中的合作需要一生的时间，如果今生没有任何承诺，就不能算作真正的婚姻。此处的承诺并非单指让爱情长久的誓言，还包括养育子女的决心和对子女的教育，让他们成为优秀的人，并成为一个讲究平等、懂得负责的人。我们应该谨记：婚姻幸福的重要意义在于培育下一代。婚姻同样是一项工作，其中也有固定的规则可循。如果我们不遵从其中的法则或只遵循其中的一部分，就无法收获幸福的婚姻。

　　如果我们把自己的婚姻期限规定为一段时期或者只规定一个试婚期，我们就不可能感受到真正的婚姻幸福。如果我们双方都为婚姻留有退路，便不可能为对方付出一切。我们不可能为所有的事情都规定一条：永远不可逃避。婚姻亦是如此。那些在婚姻中存有私心并想方设法从中逃脱的人都将步入歧途。他们的退缩定会损害对方的利益，从而致使对方也不再信任这份感情，从而不再履行当初的誓言，最终分道扬镳。

　　在我们的日常生活中，总有很多问题会对婚姻产生影响，致使我们在婚姻中矛盾重重。人们都想尽力解决，却总是无法找到合适的办法。但是，我们并不能因此而舍弃婚姻，而是要解决生活中的问题。我们都知道情侣之间所必须遵循的一些法则：忠诚、真心、相互依靠、没有私心、大公无私……

通常的逃避行为

疑心太重的人根本不适合结婚，因为如果双方都想保留自己的自由，就不会有真正的婚姻。既然已经走进婚姻，就已经表明我们不能再随意而行，而是与对方保持合作、共同生活。下面我将举例说明：一个独断专行的人既违背了婚姻的基本法则，对夫妻双方造成了伤害，也是不合情理的。

一对夫妇都是有文化、有素质的人，可是他们的婚姻并不幸福，最后导致了离婚。随后他们都开始寻找新的伴侣，可是他们并不知道自己上次婚姻失败的原因。他们一直希望自己的婚姻变得和谐并一直为之努力，可是他们却不懂得何为责任感。他们想享受一种现代的婚姻生活，不想受到婚姻的任何约束，所以他们做了一些协商：给双方足够的自由，对方可以做自己想做的任何事情，双方要互相信任，不得隐瞒所有的事情。

丈夫似乎比妻子的行为更大胆一些。每天回家，丈夫都会把他在外边的一些"花边新闻"高谈阔论一番，妻子对此也并不忌讳，而是听得津津有味，并且还夸奖丈夫有魅力。后来，她也想让自己的生活变得像丈夫一样"丰富多彩"，但是她还没有开始自己的计划就患上了广场恐惧症。此后，她不敢再独自出门，只想待在家中。只要一迈出家门，她就会生出一种恐惧感，所以不得不再次回到家中。这种恐惧症让她出轨的思想不能再实现，可是事情到此远远没有结束。由于她不敢单独出门，所以丈夫不得不整天左右相伴，从而失去了原来的自由；而妻子，也因为患病不再敢随便出去，当然自由就更无从提起了。如果她想让自己的病好起来，就必须对家庭有更正确的认知，而她的丈夫也要对家庭担负其自己的责任，让婚姻中的合作关系成立。

有一些错误，在婚姻伊始就存在了。那些在家中被骄纵惯了的孩子在婚后常常感觉到被人忽略了，他们并不知道如何去调整自我。被骄纵的孩子常常成为婚姻中的领导者，所以常常让对方认为自己是一个出气筒，时时受他人的统治，于是就想奋起反抗。如果夫妻双方都是被娇惯长大的孩子，他们之间的事情定会更加离谱。因为他们总是以自我为中心，所以对对方都不满意，从而导致慢慢逃避，于是开始在外寻求自己的欣赏者，婚姻也就由此而变味。

有些人对待爱情从不专一，而是想和几个人同时恋爱，他们在多种恋爱中摇摆不定，更不知道自己的责任是什么。这样的爱情只会是一场空。

还有些人，总是沉浸在自己幻想的爱情之中：浪漫、感动、激情，时时都有。他们根本就不知道何为现实的爱情，更不知道如何对待自己的伴侣。过于浪漫的设想可能将你的爱情牵走，因为现实中根本就不会存在这种浪漫的婚姻。

有些人因为在成长过程中遇到一些问题，开始对自己的性别反感或厌恶。他们开始压抑自己的性欲望，而并不以为这是病态，这样的人在生理上永远得不到幸福的婚姻。这就像我们之前所说的，因为过分重视男性而引起的"男性倾向"；如果孩子开始对自己的性别角色产生怀疑，就会失去安全感。如果在他们心里认为男性是占统治地位的，那么不管男孩女孩，都会对男性角色产生一种敬仰之情。他们开始怀疑自己是否会将自己的角色扮演好，所以他们就开始让自己男孩化，并极力将这种感情表现在外。

我们常常遇到那些对自己的性别并不满意的孩子们，这可能是由于女孩的女性冷淡症或者男性的心理萎缩症造成的。这些人常常通过身体的抗拒而拒绝爱情和婚姻。这些事情总是不可避免的，除非他们真正认为男女平等了。并且，世界上有一半的人可以为自己对性别的不满找到足够的理由，这无疑是婚姻中的一大障碍。所以我们必须对这一障碍进行清扫，那就是让他们认识到男女平等的事实，并消除他们对于性别角色的忧虑。

我认为，婚前不发生性关系是婚姻和谐甜蜜的最大保障。因为很多男人在潜意识中都不想接受自己的爱人在婚前已不是处女。有时，他们会认为这样的女人不纯洁，也会因此而感到愤怒。并且，如果女性在婚前已经有了性行为，之后定会承受更大的心理压力。如果促使女性结婚的因素是惧怕而不是勇气，就会给婚姻带来很多麻烦。众所周知，婚姻中的合作需要的是勇气而非恐惧，如果男女是处于恐惧的心理而选择对象，那么他们的合作也不会是自愿的。如果他们的伴侣在地位或素质上明显不如自己，他们在婚姻中同样不能很好地合作。他们对于婚姻有一些惧怕感，并且总希望在婚姻中双方都互相尊重。

友情是婚姻的保证

友情是培养孩子对社会产生兴趣的方法之一，在与人交往中，孩子们学会了怎样与人沟通、怎样分享他人的快乐和忧伤。

如果一个孩子在遇到挫折的时候就被人保护起来，从而在自己的空间中独自长大，没有同学或朋友，那么他永远不会去为他人着想。在他的心目中，自己就是世上最重要的人，遇事也总是以自我为中心。

友情的锻炼可以为婚姻打下良好的基础。如果我们在游戏中锻炼孩子们的合作能力，也是不错的选择；但是有些游戏常常让孩子产生超过别人的欲望。

最好找一些两个孩子就可以完成的事情让他们去做，比如舞蹈，你千万不要以为舞蹈是没有任何益处的，因为这样的活动需要两个人合作完成，所以对他们的帮助还是很大的。

当然，我们这里所说的舞蹈并不是以表演为目的的，如果有一些专供孩子跳的舞蹈，那就再好不过了。

工作中同样可以看出我们对于婚姻是否已经有了足够的准备。在拥有婚姻之前，这是我们必须要问的一个问题。只有夫妻中的一个或两个都有自己的工作，才能真正地生活，并养活自己的家庭。我们不得不说，良好的婚姻必须以工作为基础。

维护婚姻幸福

每一个人对待异性的态度和接触异性的能力，我们总能够轻易看出。每个人接触他人的方式都各不相同，包括他们的求爱方式，但是这些行为却和他们的人生态度相一致。通过一个人在恋爱中的言行举止，我们就可以看出他们对未来是否自信，是否有合作精神，以及是否总以自我为中心、临阵脱逃，并常常问自己："别人到底会如何看我？我会在他人心中留下怎样的印象？"

一个男人与女人相处时，也许会谨慎小心，也许会激情洋溢，不过不管他们表现出怎样的行为方式，都会与他对待人生的态度相一致。我们不能根据一个人在求爱之时的表现去判断他是否适合结婚，因为这时他已经有了一个表达爱的对象。如果在其他场合，也许他并不是一个善于言谈的人。但不管怎样，我们仍可从中了解到此人的性格。

在一般人的思想中，都会认为男人应该主动示爱。所以只要这种传统还存在，男孩子就应该主动去做男人该做的事——主动示爱，毫不犹豫，不能退缩。只要他们认为自己是社会中的一分子，且知道自己的优缺点，就应该具备这样的素质。当然，女性同样可以主动示爱，然而在西方人的观念中，还是认为女孩子要表现得矜持一些，但是她们会将自己的态度在言行举止中表现出来。总而言之，我们可以这样理解：男人表达爱要主动直白，而女孩子则要委婉隐晦。

夫妻生活

夫妻之间必须有性吸引，但是这也必须根据人类的幸福进行发展。对彼此互感兴趣的夫妇，性吸引的能力是不会消减的。如果有这种情况发生，只能说明他们对对方的兴趣减少了，他们之间也不再拥有信任、合作和和谐，他们的生活也不再有乐趣可言。有时，在他人看来他们之间还有爱情，但是身体的吸引已经消失了。可是这种说法并不正确。有时，人们总是言行不一、貌离神合，但是他们的身体却不会说谎。如果没有了身体上的依恋，那么就没有共同语言可言了。这说明他们两人已对他们的婚姻失去兴趣，至少一方已经不想面对这样的婚姻，而在极力逃避。

人类的性欲望是持续性的，与动物的发情期大不相同。这就从另一方面为人类提供了幸福的保障，也可以使人类得以持续繁衍后代。对于动物，大自然则会采用其他方式让它们生存下去，比如，它们会产下很多蛋或卵，虽然其中有很多会遭到破坏，但是还会有一些被保存下来、孵化成幼雏。

人类也一直用生儿育女的方法让自己的后代得以延续。所以，我们会慢慢发现，在婚姻中关心人类未来幸福的人总是甘愿生育后代的，但是那些有意无意对人类表现出反感的人则不想生育后代。只想索取而不想付出的人是不想养育儿女的。在那些人眼中：自己是最重要的；孩子只不过是负担或累赘；养育孩子会浪费自己的时间或精力，不如将时间花在自己身上。所以，要想使爱情和婚姻的问题得以解决，就必须繁衍后代。我们应该明白，和谐的婚姻可以为下一代提供良好的教育，而养育子女也是婚姻中必须要做的事情。

一夫一妻，艰苦与现实

现在，一夫一妻制可以直接解决婚姻中的问题。这样的婚姻关系，需要双方互助互爱、共同合作，这样才能使婚姻基础变得稳固，且不会发生互相逃避的问题。我们知道，婚姻破裂也是生活中常见的问题，我们总是无法避免的。然而，如果我们把婚姻和爱情当作一种责任、一种职责，就会减少这种事情的发生。所以当婚姻中出现问题时我们要尽早弥补。

一般而言，婚姻中出现裂痕是因为夫妻双方没有尽到自己应有的义务，他们总是幻想着幸福生活的到来，而自己并不为此努力奋斗、主动去赢得幸福的婚姻。如果抱有这样的态度，婚姻问题肯定得不到解决。如果认为婚姻有理想般美好，或者将婚姻看成爱情的坟墓，都是大错特错的。两个人真正步入了婚姻，他们之间的各种关系才真正成立，正是因为有了婚姻，他们才开始正式面对人生的职责，才拥有了为社会创造财富的机会。

现在还流行着另一种说法，认为结婚是一个终结或者另一种新生活的开始。就像很多小说中所说的，很多人最终都会终成眷属。其实这正是夫妻生活的开始，然而在小说中似乎一结婚就万事圆满了，从此生活就可以终生幸福了。然而，我们必须懂得，结婚并不是解决了所有的事。爱情的种类多种多样，然而要真正解决婚姻问题，还得有共同的兴趣爱好，懂得如何互助互信、互相合作。

婚姻关系并不是神秘不可测的，因为他们对待婚姻的态度已经从他们的人生态度中反映了出来。所以只有全面了解一个人，才可以知道他对婚姻的态度，这和他人生的追求是相一致的。比如，我能够明确指出那些被宠坏的孩子对待婚姻的态度——当遇到问题时，他们总在千方百计地逃避。

在社会中这类人是危险的，他们在四五岁的时候对待人生的态度就已经形成。他们常常这样发问："我会得到我想要的一切吗？"如果他无法得到自己想要的东西，就会觉得人生变得乏味。他们会这样认为："如果连我想要的东西都无法得到，那活着还有什么意义？"他们的思想会逐渐消极，甚至生出"寻死"的想法，以至于他们把自己弄得神经兮兮、疑神疑鬼。他们还会从自己的处事态度中总结出一套处事方法，并认为自己的错误观点是绝无仅有的，而且无人能及。在他们心中，如果自己的欲望或情感被压抑，那就是给自己找麻烦。他们就在这样的思想中逐渐成长。在过去，他们都有过一段美好的生活——要什么有什么，想怎样就怎样。而此时，有些人仍然以为自己再哭闹下去，再反抗下去，再固执下去，就会有人妥协，自己仍可以得到自己想要的东西。他们并没有意识到个人应该和社会这个整体相融合，而是只想到自己的利益。

结果只能是：他们不愿奉献自己的一丝一毫，只想不劳而获，甚至贪得无厌。婚姻在他们眼中同样是随意而为的。他们尝试着感情中的各种接触方式，同居、试婚、结婚、离婚，他们的婚姻不想受到任何束缚，只要他们不想要某一段婚姻，便会轻易抛弃，转而寻求新的恋情。如果两人之间拥有着真正的爱情，那么他们必定具有以下几点特征：忠实可靠，有责任感，值得信赖。我认为，不能很好地处理婚姻关系的人，在社会中的角色也不会扮演得很好。

婚姻中还有一个必要的条件——关心孩子。如果我们的婚姻不是建立在诚实互信的基础上，那么对于孩子的抚养也定会出现很多问题。如果父母经常吵架，对婚姻毫不负责，对于婚姻中的问题从不去积极解决，这样的家庭对培养孩子是没有任何好处的。

解决婚姻问题

有些人根本不适合生活在一起，可能是由很多原因造成的，但是不管怎样，他们最好还是分开。可是分开的决定到底由谁来做？是由那个对婚姻没有责任感的人吗？是那个只考虑自己利益的人吗？如果他们对离婚的态度和对待结婚的态度一样，总是想"我会从中得到什么益处"，那么这样的人显然不适合做决定。

我们经常看到，那些结婚多次的人，总是不断地重复自己的错误。那么到底由谁来决定婚姻是不是应该终结呢？我想，当你认为自己的婚姻不可继续时，最好由心理学家决定是不是应该分开。当然，在我们国家，这是很难办到的事。

我不知道美国是否如此，但是我发现，欧洲的心理学家常常把个人的幸福放在最重要的位置上。如果有病人向他们求救，他们常常建议病人去找个情人，认为这样就可以解决问题。我想他们早晚会否定自己的这种做法的。他们提这种建议的原因是，他们并不了解问题的整体性以及这一问题和其他工作的关系。其实这种关系一直应该被我们所重视。

那些把婚姻当作个人问题加以解决的人，同样会出现这类问题。美国的情况我仍然不了解，然而在欧洲，如果一个男孩或女孩在神经上有些病症的时候，那些医生同样让他们去找情人或者开始发生性关系。对于成年人，他们也会这样指导，因为在他们心目中爱情就是一剂良药，可是如果谁服下，定会对自身有害无益，病人会更加迷失方向。将爱情和婚姻问题处理妥当，将是完美人格的体现。爱情和婚姻与一个人的幸福和价值紧密相连，它不是儿戏，更不是救助罪犯、酗酒和神经病的灵丹妙药。有神经官能症的人必须先将自己的病治好，然后再结婚。如果他们还没有能力处理婚姻问题就匆忙结婚，肯定会遇到很多难题和痛苦。维持幸福的婚姻需要很高的境界，如果有些人还没有作好承担责任的准备，就无法处理好这个问题。

有时，结婚的目的也会不纯洁。有的人完全是为了钱财，有的人则是为了还人情，有的人只是为了给自己找一个仆人。这些都与婚姻的高尚品质相违背。有些人甚至会说结婚就是为了给自己增添烦恼。比如，一个男人在事业或学业上都不尽如人意，他会觉得自己一无是处，然后就会选择结婚，然后借此说是婚姻牵绊住了自己，所以没有了取得成功的机会。

婚姻与男女平等

高估或低估爱情的重要性都是不对的，这就需要我们将之放在一个正确的位置上。在我所见过的所有婚姻破裂事件中，最大的受害者往往是女性。在我们的意识中，常常认为男性的约束比女性更少。其实这样的观点是错误的，这种思想并不会因我们个人的力量而改变。尤其是在婚姻中，任何一方的反抗都会对婚姻造成损害。要想改变这种状况，就需要我们改变自己的观念。我的一个学生在一项调查中得知，有42%的女孩希望自己是男孩，这足以看出她们对自己性别的不满。如果对于自己性别不满的人超过一半，并认为自己的地位不如男性的地位高时，我们的婚姻问题又该如何解决呢？如果女性总认为自己的地位低于男人，如果女人一直以为自己是男性发泄性欲的工具，就可以真正解决这个问题吗？

综上所述，我们可以总结出一个简单而实用的结论。人类天生并不是一夫多妻或一夫一妻。我们虽然共同生活在地球上，看似平等，可是又确实分为男女两种性别。生活已经告诉我们，每个人都必须处理好人生中的三大问题。然而，只有一夫一妻才可以正确地处理爱情和婚姻的问题。